U0169342

ACADEMIC
SLIDE DESIGN
—VISUAL COMMUNICATION
FOR TEACHING AND LEARNING

学术幻灯片设计
——教与学中的视觉交流

Ann Fandrey 著

张宏生 译

哈尔滨工业大学出版社
HARBIN INSTITUTE OF TECHNOLOGY PRESS

黑版贸登字08-2021-008号

内 容 简 介

　　这本书为忙碌的教师或教学设计师介绍课堂内外的视觉交流技术。你已经知道，在幻灯片上放置过多文字将不利于教与学。但是要在幻灯片上放什么呢？本书为构建更有效的幻灯片提供了新的视角和方法，从讲座本身开始。你会在书中找到关于空白、图形、颜色、字体、构图等方面的实用建议。本书使用很多示例对如何制作有效的幻灯片进行了大量说明，并通过你可以自己完成的练习进行强化。本书是你学习视觉技术的帮手，将帮助学生理解和记住在现场讲座中传递的信息。基于多媒体学习、通用设计、视觉感知、平面设计的研究，本书的内容不仅仅包含幻灯片，还包含21世纪教与学中的有效视觉交流。

图书在版编目(CIP)数据

　　学术幻灯片设计：教与学中的视觉交流/（美）安·范德里（Ann Fandrey）著；张宏生译. — 哈尔滨：哈尔滨工业大学出版社, 2022.6
　　书名原文：Academic Slide Design：Visual Communication for Teaching and Learning
　　ISBN 978-7-5603-9390-2

　　Ⅰ. ①学… Ⅱ. ①安… ③张… Ⅲ. ①图形软件 Ⅳ.①TP391.412

　　中国版本图书馆CIP数据核字(2021)第069305号

学术幻灯片设计——教与学中的视觉交流
XUESHU HUANDENGPIAN SHEJI—JIAO YU XUE ZHONG DE SHIJUE JIAOLIU

策划编辑　张　荣
责任编辑　赵凤娟　刘　威
装帧设计　屈　佳
出版发行　哈尔滨工业大学出版社
社　　址　哈尔滨市南岗区复华四道街10号　邮编150006
传　　真　0451-86414749
网　　址　http://hitpress. hit. edu. cn
印　　刷　哈尔滨市石桥印务有限公司
开　　本　787 mm×1 092 mm　1/16　印张10　字数172千字
版　　次　2022年6月第1版　2022年6月第1次印刷
书　　号　ISBN 978-7-5603-9390-2
定　　价　78.00元

前言
Introduction

　　欢迎来到学术幻灯片设计——教与学中的视觉交流。本书结合了多媒体学习、通用设计、视觉感知和平面设计的知识，为构建更有效的幻灯片而创造了新的视角和方法。本书的目标是指导你——忙碌的教育工作者或教学设计师，如何应用有效的视觉传播技术来创建幻灯片，从而更好地帮助学生理解和记忆在现场讲座中传达的信息。

　　近几十年来对多媒体学习设计的研究表明，充满**列表**（bullet points）[①]的幻灯片对于帮助学生理解和记忆在现场讲座中传递的内容是无效的。虽然研究这类事情的人们现在已经意识到**重文本**（text-heavy）[②]的幻灯片效果不佳，但我们大多数人似乎仍然无法改变陋习。当我们试图通过添加更多图形，来改善传统的"主题—子主题"幻灯片设计的惯例时，我们意外地朝着另一个方向运行——装饰设计，而装饰设计容易模糊我们需要表达的重点。

　　本书将帮助你在创建教与学幻灯片时，学习更多图形化和更少字符化的思维方式。我希望它还能激发你更加全面地思考幻灯片（slide）和**演示文稿**（slide decks）[③]的无障碍性和功能性。

　　与采用基于主题教授幻灯片设计的其他书籍不同，本书以课程的形式进行组织。我将解释为什么某些风格和习惯是无效的，以及你如何做得更好。最重要的是：我会向你展示更多有效设计的例子。通过这 16 节课，包括学习目标及你自己完成的练习，将使你

---

① bullet points 在中文 office 中译成项目符号，含义表达不清。侯捷在《word 排版艺术》中认为 bullet points 翻译成列表更为准确，译者也这样认为。（译者注）
② text-heavy 译为重（zhòng）文本，意为沉重和冗长的文本。（译者注）
③ slide 译为幻灯片，slide decks 通常表示一组幻灯片，本书译为演示文稿。演示文稿是幻灯片软件创建的文件，这个文件中的内容称为幻灯片。演示文稿可以看作一本书，幻灯片就是书中的每一页，是包含和被包含的关系。（译者注）

的幻灯片设计实践重新焕发光彩。

阅读本书——寻求快速解答

如果你只想改进现有幻灯片的外观，请阅读以下课程：

第 6 课　留白的力量

第 8 课　选择辉映视效

第 11 课　教与学中高效色彩的利用

第 12 课　教与学中的高效排版

第 14 课　列表大师课

你可能还想直接跳到最后并阅读"学术幻灯片设计原则"这一部分，该部分以清单形式呈现了本书的主要思想。

阅读本书——全局观

如果你要改变设计幻灯片的方式，那么你将需要阅读整本书。课程已经按序排列从而帮助你培养视觉沟通的能力，当然你也可以按照你自己的路径来阅读本书。本书的关键理论如下：

(1) 写作即思考，幻灯片设计是一种视觉写作。学习制作更好的幻灯片将使你成为更好的视觉设计师和更好的演讲者，因为你将变得更有目的性和更准确。

(2) 幻灯片设计是从讲座的内容和结构开始的，而不是从幻灯片本身开始的。不要立即打开PowerPoint，这样做仅仅会产生一个形式大于内容的幻灯片。你首先需要编写脚本并进行规划。

(3) 当你使用视觉效果来辅助演讲时，它们将成为你演讲体验的一部分。正如你竭力地撰写清晰、一致、凝聚的演讲稿一样，你也应该竭力地创建清晰、一致、凝聚的视觉辅助。演讲是一种视觉和语言信息的整体综合体验。

(4) 漂亮的幻灯片表现更好不仅仅是因为它们漂亮，它们表现更好的原因是：使它们具有漂亮的属性也使它们更具有功能性。导致幻灯片漂亮的一些属性就是清晰度、一致性、凝聚力。

(5) 每张幻灯片的一致性设计决策总体上构成了有凝聚力的演

示文稿。

(6) 选择一致的色彩系统，四种颜色可能就够了，并在整个演示文稿中坚持使用。当各颜色之间或者色彩与背景存在对比显示时，色彩系统应具有良好的对比度。

(7) 选择一致的字体并在整个演示文稿中坚持使用。字体应该是朴素的，要避免花哨。

(8) 幻灯片画布上的每个元素都将影响学生的体验，因为他们会立即尝试阅读它或者尝试给它赋予意义。你要能够阐明每个设计决策的原因。你的每张幻灯片和幻灯片上的所有元素都应该有原因。

(9) 人们无法同时阅读和听讲。重文本的幻灯片将强迫学生在阅读幻灯片和听你讲解之间分散注意力。在每张幻灯片上应尽量少出现文字。

(10) 学生们倾向于重视幻灯片上的信息而不是你的语言表述。

(11) 为了在你和你的幻灯片之间重建合理的关系，并且为了摆脱重文本的幻灯片，请学习更多图形化和更少字符化的思维方式。请发现你的内容中可以进行视觉化处理的部分。

(12) 图像、图表、图形和视频剪辑均是明显的视觉化处理方案，但你也可以通过显示关系的形状和线条来传达信息。另外，幻灯片的构成方式也传递了信息。

(13) 选择图形是关键。幻灯片上的视觉效果应该被用作阐明概念和强化主题思想，而不是重复或简单地说明你的信息。

(14) 在设计幻灯片时，应当重功能而轻装饰。你展示在幻灯片上的那些图形和图片不应该只是为了增加视觉趣味。

(15) 另一种摆脱重文本材料（不属于幻灯片）的方法是将其转换成讲义，并单独分发给学生，而讲义应该在文字处理程序中准备。

(16) 一些幻灯片页面应当用作呈现组织架构的支持手段：预览幻灯片将给出内容的总体概述；路标幻灯片将提醒观众（和

你）他们在演讲内容中所处的位置；回顾幻灯片将复习和强化主题思想。

(17) 将留白视为在幻灯片上提供呼吸空间，以及显示重要材料关键点的最佳工具。留白比注释、下划线、粗体字、感叹号或其他任何突出显示重要材料的静态方法更有效。

(18) 视觉效果的有效性一部分在于它们的外观，另一部分在于你的互动方式。在演讲过程中，可以伴随使用幻灯片软件的动画功能，渐进展示和路标展示将有助于引导学生们的注意力。

(19) 并非你制作的每个信息点都需要呈现在幻灯片上。有时候，信息可以通过语言而非视觉进行交流。

毫无疑问，你正在计划下一堂课。让我们开始吧！

目录
Contents

目录
Contents

漂亮且具有功能性的设计

人们普遍认为漂亮的事物会更好[1]，但为什么这是真的？在接下来的内容中，你将了解到漂亮和功能性幻灯片设计之间存在着直接的关系，你将开始培养一种意识和基本的词汇来描述这种特性。在第1课中，当你看到漂亮的图形设计时，我们将准确分析你的反应，以便你可以评估自己的幻灯片设计并决定如何改进它们。随着你对设计有效性和功能性意识的不断提高，你创建更有效和功能性幻灯片的能力也在不断提高。

漂亮事物的功能性作用

近十年来，我为在大学医院实习和教学的忙碌医生们提供教学设计支持。我在具有五十、六十或者八十页的演示文稿上工作，通过列表展示的教科书事实挤满了这些幻灯片的页面。

教学医生们经常让我在演讲或者会议演示前一周（或前一天）将他们的幻灯片进行美化改造——"让它们更漂亮"。所以我尽我所能地与他们合作：我需要确保演示文稿中的字体是相同的；列表遵循逻辑层次结构；缩略词需要拼出；拼写错误需要修正。我删除了纯粹的装饰。我对齐并平衡了幻灯片的构成，以便在重要信息周围留出空间。我喜欢我的工作，这项工作让人有成就感，我觉得自己很有用。但是在这个情境下，**漂亮**这个词被抛在了九霄云外。

为什么？因为我意识到我真正为这些演示文稿所做的工作是让它们更有效地成为教学材料。

---

[1] 这个想法源于广为流传的文章《情感与设计：有吸引力的东西更好》，作者是Donald A. Norman。

这些"美化改造"实际上应有助于使需要表达的意义更清晰、更易于理解，从而让会议室、诊所工作室和演讲厅的学生们和观众们可以专注于演讲的信息。他们无须被迫阅读或者理解通常错综复杂和毫无头绪的幻灯片。

漂亮这个词无意中使设计这项重要工作变得无足轻重。人们倾向于认为漂亮是一种装饰品质：属于表面层次和点缀物，但肯定不是必需的。漂亮在信息的视觉显示上具有影响力。漂亮的作用有以下几点。

(1) 漂亮在信息的清晰度方面发挥着重要作用。如果信息不清晰，学生们将无法获得知识。

(2) 漂亮在吸引学生注意力方面起着功能性作用。当学生没有动力去尝试和理解让人有压力的幻灯片时，或者他们在文字墙中找不到幻灯片的切入点时，他们就无法全神贯注地学习。

(3) 漂亮在维护长时间的注意力集中方面起到功能性作用。如果没有演示文稿页面间的一致性和凝聚力，学生们最终可能放弃努力去弄清楚你和你的幻灯片想表达的内容。

(4) 漂亮也在帮助人们理解和记忆。简单来说，如果学生们一开始没注意或者没重视这个信息，那么就不可能记住它，更不用说在新的情况下应用它了。

(5) 漂亮有助于创建统一、有凝聚力的幻灯片，这可能会影响你的专业声誉。

公平而准确地说，我当时并不是在"设计"，至少不是在结构意义上。但是外观和结构也具有错综复杂的关系：设计是一项严肃的工作，需要训练、当学徒、实践和承诺。设计师花费数年时间不仅学习如何创建有效的设计，还学习如何讨论和捍卫这些决策。设计师做出的决策始终是功能性和刻意的，而不是随机、随意或者纯粹装饰性的。

我希望你不要再把视觉上有吸引力幻灯片的价值仅视为简单的漂亮，而是开始思考其功能性。漂亮和幻灯片的功能性错综复杂地联系在一起，从而成为有效的视觉辅助。具有功能性的幻灯片能够清楚地传达预期的信息。

漂亮的属性

当人们说你的幻灯片很漂亮时，人们所指的是什么样表面层次的特质？让我们用三个"难看"的幻灯片和它们的"漂亮"改造图来探讨这个问题。我们将由此确定一些导致漂亮的关键特质。请记住，漂亮等同于功能性，所以真正的问题是：什么特质使设计更具有功能性？

请看如图 1.1 所示的幻灯片。你之前见过这种类型的幻灯片，这种设计我将在整本书中称之为"主题—子主题"结构（该术语借用自Joanna Garner、Michael Alley和同事们的研究工作）。你甚至可能花了一点时间来思考它有什么问题。你会用什么词来描述它？可能是**复杂、拥挤**和**杂乱**出现在脑海中。请将其与它的改造图（图 1.2）相比较。你可能用来描述该幻灯片的词语是**清晰、专注、简单、敞亮**。改造图与原版图的截然不同，导致你甚至不相信它表达了与原版图相同的主题。

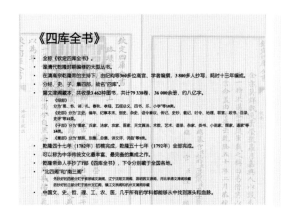

图1.1　　　　　　　　　　　　　　　　　　图1.2

在第二组幻灯片中，你可能会将难看的原始页面（图 1.3）描述为失调、冗长、紊乱的。你不可能一眼就看出该幻灯片的内容，并且背景的配色方案和造型使它看起来过时了，你不一定想花很多时间来了解它。其改造图（图 1.4）更具视觉吸引力，因为它可以尽可能简单地仅证明一个观点。

图 1.5 中难看的幻灯片是杂乱无章的。数据表太小而无法阅读，分辨率太低导致看起来有些模糊。调查设计信息栏很难进行阅读，因为字符间距不同使人分心。左下角的照片看起来像是最后添加的。该幻灯片至少呈现了三个不同的主题。相比之下，其改造图（图 1.6）体现了专注和清晰的特点，它展现了主题思想并给这个观点赋予了充足的呼吸空间。

在这三组对比图中，请注意我们收集的描述词列表如何混杂包含信息属性（复

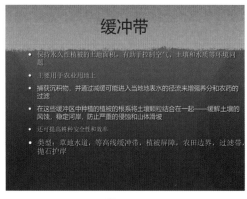

图 1.3

图 1.4

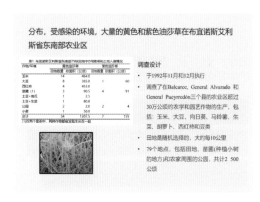

图 1.5

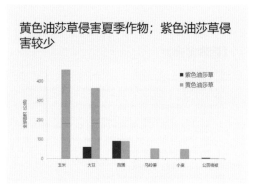

图1.6

杂、专注、简单）及通常用于视觉呈现的属性（拥挤、混乱、敞亮）。演讲（即设计的视觉体验）与你对其中包含的信息质量的看法密切相关。

　　是什么让原始版本如此令人反感，而它们的改造图却如此引人入胜？令人愉悦的设计仅传达一条信息，因此它们是专注的，而不是压迫性的或过分的。它们是精确的，而不是模糊、混淆和混乱的。它们的信息很容易理解，因为它们很敞亮，而不是拥挤、逼仄或杂乱的。它们的设计与幻灯片上的其他元素进行了空间平衡。它们是有序的，而不是飘忽或随意的。这些属性（专注、精确、敞亮和有序）即是使信息清晰的条件。

　　你认为这些特征是主观的、表面层次的印象（当你尝试确定什么是漂亮和难看时，你所回应的特质和特征），实际上与幻灯片是否有效地传达预期信息密切相关。漂亮显然不仅仅是表面特征。

意向性产生更好的设计

清晰的沟通始终是刻意而非随意设计决策的结果。其目标不是这张幻灯片试图说什么，而应该是我想表达的内容是什么？需要视觉辅助来帮助我展示或给予支持吗？

事实上幻灯片很少单页出现，它们通常几页一起出现。请考虑演示文稿构成页面的凝聚力，要通过坚持每张幻灯片设计决策的一致性从而获得演示文稿的凝聚力。一个有凝聚力的演示文稿很重要，因为幻灯片是讲座的视觉辅助，而讲座整体上需要具有凝聚力。在你自己的讲座规划过程中，你可以对自己重复这三个词：

清晰（clear）、一致（consistent）、凝聚（cohesive）[1]。

它们创造了一个小小的口头禅，可以提醒你成功的视觉交流的关键。你可以利用这些特质来创建更有效的设计。

练习 ▮▬▬▬▬

1. **环顾四周**。从本周开始，看看你周围并且留意引人注目的图形设计：专业设计的海报、广告牌、报纸和杂志广告。哪些设计元素吸引你的注意力？你如何描述你对这些设计的反应？你会用什么词来形容？**漂亮、平淡、多余、复杂、平衡**？尽可能具体地尝试和表达设计的哪些特质取悦了你或者冒犯了你。请抓住你的第一印象。你才刚刚起步，你开始磨炼你对周围设计的洞察力。通过留意什么可以使专业设计师的工作更有效，你可以学到很多关于设计的知识。同样具有启发性的是，留意缺乏经验的设计师工作低效的原因。

2. **记录视觉日志**。上述练习的自然延伸是记录一个视觉日志，像设计学生和专业设计师所做的那样。在视觉日志中，你可以收集设计范例及你对它们的反思。在发展这个可能是终身的习惯时，你看的越多，你明白的就越多，你的视觉审美能力也就越强。

---

[1] 英文中这三个单词的首字母都是c，所以构成了一个英文口头禅。（译者注）

多媒体学习与设计

使用"主题—子主题"幻灯片结构的最大问题是：如果你这样做，你可能会尝试同时做三件事。你使本用于创建视觉辅助的媒体承担了三重职责：视觉辅助、演讲者笔记和讲义。这完全不起作用。像大多数试图同时完成几个不同功能的事物一样，你最终哪个也没做好。幻灯片也是这样的。在本课中，我们将仔细研究传统"主题—子主题"幻灯片结构的历史：它成为主流，被证明缺乏对规则的适应性，以及你为什么需要选择不同的设计来管理你的幻灯片画布。然后，我们将回顾多媒体学习理论的基本原理，并研究这些原理如何帮助你更有效地构建幻灯片。在这一课结束的时候，我希望你能受到启发去学习一些新的方法。

幻灯片仅仅是幻灯片（而不是演讲者笔记或讲义）

在过去的三十年中，公开演讲专业人员——教师、销售员和其他专家们——已经使用图形软件并过分遵循其设计提示（图 2.1），这些图形软件旨在帮助用户为演讲创建视觉辅助。

图形软件命令道："单击此处添加文本"，并且我们的确遵照执行了。软件通常自动地将这些文本格式化为列表。这些列表很像另一种类型的学术写作——研究论文的大纲。遵循设计提示的后果出现了：我们的演讲和讲座几乎完全由事实清单组成。

当我们在一群人面前讲话时，我们

单击此处添加标题

• 单击此处添加文本

图 2.1

随身携带这些幻灯片。我们意识到我们可以像使用提词器一样使用它们，提词器帮助我们记住我们想说的话。当我们的时间耗尽时，没关系，我们的观众仍然可以访问我们准备演说的剩余内容，因为我们使用了"打印"→"讲义"按钮，并带来了为手工记笔记用的幻灯片装订复印件，其中每张纸上带有三张幻灯片及对应线条。

简而言之，我们习惯于尝试将幻灯片当作视觉辅助、提词器和讲义的混合体，这种无效和普遍的习惯已经产生了不良影响。

使用幻灯片作为演讲者笔记或提词器会给演讲者和观众都带来麻烦。只是简单地大声读出幻灯片的演讲者是缺乏活力的，他们可能不会与观众进行情感交流。当幻灯片上有太多文字时，观众倾向于提前阅读而不是听讲，这种情况在会议室和教室中经常发生。学生们在阅读幻灯片时无法同时聆听你的演讲。充满信息的幻灯片要求学生们将注意力分散在两个独立的消息流中，并迫使他们去选择应该关注哪一个。在这种情况下，学生们可能会成功地抓住某一个消息流，也可能由于过于恐慌而错过所有信息。

我们需要一个更好的方法。

我们需要将幻灯片定位为一种只帮助我们做一件事的工具：在讲座中更有效地教学。我建议为满足学生的需要，你应该创建视觉辅助、演讲者笔记和单独的讲义。三种不同的内容，三种不同的教学资源。听起来有点疯狂吗？这绝非疯狂，这是必要的，而且早就应该这么做了。只要人类的认知架构保持不变，传统的"主题—子主题"幻灯片设计就永远不会有效。

多媒体学习如何运作

理查德·梅耶（Richard Mayer）是多媒体学习领域最知名、最多产、其理论最常被引用的学者，他认为多媒体学习理论建立在三种协调理论之上。首先，双通道理论指出人们的大脑有独立的通道来处理语言和视觉材料；其次，人们处理传入信息的能力有限，一次只能处理少量信息；最后，积极处理理论表明，我们需要对新信息进行适当的认知处理，以便将其与我们已知的内容相结合。适当的认知处理是：

(1)注意并重视传入的信息。

(2) 将其组织成有意义的心理表征，可以采用语言或图片表达。

(3) 将这些语言或图片表达与我们已经理解的信息联系起来[①]。

语言和图片通过感官渠道进入我们的大脑——我们的所见所闻。我们在工作记忆中处理信息，并将信息转化成长期记忆。

在现场讲座中，通过感官渠道传入的信息是短暂的：你的学生正在观看和听讲，无法进行暂停、回放或字幕隐藏控制。精心设计的演讲支持这种情况下的学习，即通过以下途径：

(1) 围绕一个主题思想组织内容。

(2) 提供论据支持主题思想。

(3) 向学生展示演讲的组织结构。

(4) 定期提醒学生在演讲内容中所处的位置。

(5) 显示旨在整合而不是与传入的语言信息相互竞争的视觉效果（幻灯片）。

当幻灯片上的文字太多，且这些文字与语言信息相同或类似时，视觉和语言信息产生竞争。这就是冗余原则。经过充分研究并且几乎一致的结论表明：书面文字的阅读过程干扰了同期语言文字的理解。

当幻灯片上具有装饰性图片时，视觉和语言信息产生竞争。尽管图片与语言信息相比，由大脑不同且更自动的部分进行处理，它们的存在仍然增加了学生需要处理的信息量，那就是学生必须确定图片和演讲内容是否相关。

当内容展示很混乱，或者是非必要的繁杂且没有提供明确的设计入口时，视觉和语言信息就会产生竞争。任何学生花在竭力弄清楚如何从幻灯片中学习的时间都是浪费的，因为和教师口述的信息相冲突。

相比之下，当幻灯片的内容对口述信息进行补充，学生可以立即理解幻灯片的信息，教师可以使用幻灯片展现信息的真实性时，视觉和语言信息实现了完美结合。

幻灯片要与演讲的语言部分进行整合而不是竞争，因此几乎不可能提供三重功能，即视觉辅助、演讲者笔记和讲义。让我们同意并推进幻灯片的作用——如果你要遵循学术幻灯片的设计方法——是你口述表达讲座的视觉辅助。

[①] 这是理查德·梅耶（Richard Mayer）提出刻意学习的选择-组织-整合模型（SOI），如《理解说明文的学习策略》中所述。

你真的需要幻灯片吗？

幻灯片是视觉**辅助**。在演讲中，幻灯片的作用不是为学生提供你要演讲内容的文字版本，而是为了阐明和增强你的演讲。在你的演讲中，不是所有的内容都需要幻灯片。有时候，帮助学生集中注意力的最佳方式是仅提供一个空白背景，以便他们可以专注于你所讲的内容。如何确定你是否需要幻灯片？

幻灯片是必要的，当它：

(1) 为即将到来的信息提供组织结构的视觉方法（预览幻灯片）。

(2) 帮助学生找到讲座内容中的位置（路标幻灯片）。

(3) 通过图形、表格、图表、图像或其他视觉空间手段显示概念、过程、关系或想法。

(4) 直接指向学习目标和演讲结果——也就是说，你正在展示一些确实值得强烈指出的东西。

(5) 有助于营造良好数字公民的氛围（如引用来源和参考文献）。

要记住一个很好的指导方针：你应该制作幻灯片，当你希望展示——而不仅仅是告诉——你的观众一些东西。

幻灯片不是为了替代你打算说的话，也不是为了帮助你记住你想说的话。在这些情况下，你可能不需要幻灯片：

(1) 你在幻灯片上写下一些不必要的事实或统计数据，从而让你自己别忘了提及它们。任何你不希望学生能够凭记忆背诵的内容可能并不需要出现在幻灯片上。

(2) 尽你所能，你仍然无法找到有效的设计。如果你的设计概念被认为是造作或花哨的，或者如果与一组学生一起进行测试，你发现幻灯片设计混淆而不是阐明了观点，这标志着你可能不需要幻灯片。

(3) 你意识到幻灯片的设计完全是装饰性的，甚至没有情感功能。例如，在一段复杂的材料之后，幻灯片的内容只让学生适当放松。

随着你视觉素养和技能的发展，可以让每个设计决策尽可能地变得更加刻意来挑战你自己。你应该能够清楚地说明幻灯片上每个元素及演示文稿中每张幻灯片的功能性。如果你不能，或者你提出的设计根本没有成功（根据学生的反馈），那么你最好删除这些内容，这样可以让学生进行深度聆听。

单模态幻灯片设计

本书主要是为多模态的演讲提供设计指南，即幻灯片伴随语言表达的演讲，这是幻灯片软件的传统用法。

但是，现代技术使我们能直接在"云"中设计和播放演讲，并进一步使用内嵌框架在网页中发布和嵌入我们的演示文稿。教学材料正在不断发展，这些新功能可以利用幻灯片软件的易用性来控制布局和排版，而无须了解任何HTML（超文本标记语言）或CSS（层叠样式表）。

教育工作者现在正在制作可以单一模式利用的幻灯片，称为单模态——没有语言表述的个人阅读体验。能够识别你正在设计的模式非常重要，这样你就可以根据学生体验到的感官输入数量差异（即听又看，或只看不听）而做出适当的设计决策。以下是衍变的单模态幻灯片设计技巧的三个示例。

幻灯片电报（slidewire）：一种简短并基于文本的广播，通过文本驱动布局提供了一种简单易用的方式推送少量信息。

幻灯片漫画（sliderding）：一种图像和故事驱动的演讲，用幻灯片画布底部五分之一处的显示文本替代音频旁白。

幻灯片文档（slidedoc）：由Duarte Design创造的一个术语，展示了如何使用幻灯片创建混合在线观看体验，该体验位于作为演讲的幻灯片和作为文档的幻灯片之间。

由于模式和内容的不同，有效的多模态幻灯片与单模态幻灯片相比需要考虑不同的设计因素。最重要的是，冗余效果和没有语言表述的单模态幻灯片无关，因此你可以向单模态幻灯片添加比多模态幻灯片更多的文本。我提到的单模态幻灯片的处理方法可以作为本书多模态幻灯片的参照，尽管你将学习的许多设计原则适用于任何一种情况。

练习

1. 关键冥想。 任何形式的创造性工作都是一个迭代的过程。幻灯片设计的视觉过程在教学材料设计中是独一无二的，因为它涉及你与目标受众互动及你的思想可视化之间的相互作用，以及你为学生设定的目标。

本节课挑战了一种在设计实践中几乎隐形的并被广泛接受的习惯：理念——你试图用一个文件来完成三种截然不同的教学辅助工作：演讲者笔记、视觉辅助和讲义。我建议你花一些时间回顾你几年（或几十年）来的幻灯片，并审视它们作为视觉辅助、讲义和演讲者笔记的功效。你的设计是否倾向于三种功能中的某一种？它们是否很好地完成了视觉辅助的工作？还是它们仅当作演讲者笔记或者学习大纲在使用？思考你在本书课中学到的东西，你准备抛弃什么旧习惯？有些建议仍然觉得不切实际吗？你期待在自己的工作流程中添加哪些新实践？

2. 创造性地使用幻灯片软件。研究在本节课中提到的三种单模态幻灯片设计：**幻灯片电报**（z.umn.edu/slidewire）、**幻灯片漫画**（z.umn.edu/sliderding）和**幻灯片文档**（www.duarte.com/slidedocs）。你认为三者之间有什么共同之处？在你的课程或课程网站上正在使用的某些幻灯片所起的作用是否更适合采用某种单模态幻灯片类型？找一个已有的演示文稿并将其转换为替代类型的学习资源，以便在你的课程网站上显示（但是不要提供实时或录制的讲座，因为这将违背多媒体的冗余原则）。

无障碍且具有功能性的演示文稿

本节课几乎没有关于幻灯片无障碍性的标准建议。典型的无障碍建议基于以下假设，你从传统的"主题—子主题"幻灯片结构开始——基本上就是演讲者笔记放大后投影在屏幕上——并且你将这些幻灯片文件直接分发给学生。相比之下，学术幻灯片设计建议你准备一份单独且更简洁的文档代替幻灯片分发给学生。这一讨论拓宽了无障碍性的概念，从被动适应到有意识地寻找使用幻灯片来引导注意力和强化重要概念的方法。不要跳过这一课仅仅因为（据你所知）在你的课堂上没有学生具有残障相关的明确适应性需求；每个人都有在教与学中必须得到支持的需求。在本节课结束时，你会了解重复的作用和它在现场演讲中的作用，以及预览和路标幻灯片如何帮助你在演示文稿中建立这种重复。

你已经在使用无障碍实践

当你正在实践良好的书面沟通时，你可能已经在教学材料中使用了一些有关无障碍的最佳做法：

(1) 进行拼写检查。

(2) 在首次使用时，拼出首字母缩略词和缩写词。

(3) 在深入讨论之前定义技术术语。

有些人认为，无障碍性意味着适应视力和行动障碍的人士，他们使用屏幕阅读器等自适应技术来访问内容。但是，让我们扩展无障碍性这个定义的内涵来包括大量的学习、阅读和注意力问题。在这个信息时代，我们每个人都有在一段持续时间内关注一件事情的注意力缩短问题。因此，当你准备清晰、简洁、凝练的讲座时，也正是你在为所有学生的需求进行设计。

三种幻灯片：预览、路标和回顾

优秀的演讲者经常重复要点，展示并告知学生在讲座幻灯片中所处的位置，并提供许多互动的机会。幻灯片可以提供视觉强化和提示——这些都是在现场讲座中有用的做法，现场讲座中学生无法像在录制演讲中那样可以选择暂停和重播。

通过为现场讲座中学生的功能性需求而设计，并为追求清晰度而提炼信息和设计，你可以改善课堂中每个人的学习体验，包括你自己。预览、路标和回顾幻灯片都可以通过重复来帮助你记忆并强化重要概念。

预览幻灯片

预览幻灯片为即将展示的信息提供了简介，让学生为将要学习的内容做好准备。预览幻灯片的三种常见应用是图形组织、日程表和学习目标幻灯片。

1.图形组织

图形组织启发新手学习者（也可能是教师）新信息如何嵌入更宏大的场景。通过组织图形有助于确保学生具有构建新信息的坚实基础。那些完全不熟悉该主题的人将使用初始图形来理解后续信息。

以下是生物学课程中分类学单元入门讲座的一些信息。

生命六界

(1) 真细菌。

(2) 古细菌。

(3) 原生生物。

(4) 植物。

(5) 真菌。

(6) 动物。

该清单提供了基本信息：生命六界及其名称。我们将其与图 3.1 中的图形组织版本进行对比。

图形组织版本提供了更多的信息——不仅是生命六界的名称，而且连线表明它们是从一个共同的祖先分支出来的。空间布局描绘了动物界在图表的

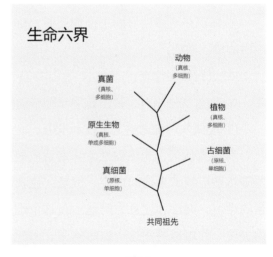

图3.1

顶部，表征了从最原始到最高级生物体的进化过程（至少从细胞的角度来看）。该预览幻灯片提供了更完整的主题概述，能够鼓励学生在听讲时丰富细节内容。

2.日程表

预览幻灯片可以是简单的编号列表，而日程表则显示将在演讲中包含的话题或主题。日程表幻灯片可以通过整合空间和文本信息来更加有效地展示每个主题所花费的时间。例如，图 3.2 将日程表描述为时间轴而不是线性列表，其中较大和较小的图框表示分配给演讲中各部分的相对时间量。它同时提供了以分钟表示的时长信息。

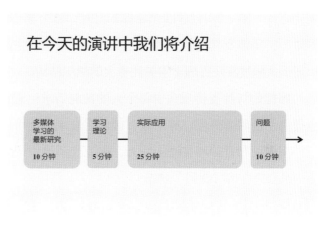

图 3.2

这张幻灯片适合作为预览幻灯片的原因有两个。首先，它基于时间线从左到右的视觉隐喻。其次，它使用额外的视觉空间线索来显示演讲者计划在每个主题上花费的时间。它能帮助演讲步入正轨，同时使演讲更有条理，因为你不得不针对演讲流程和各子主题的时长分布进行设计。

3.学习目标

图 3.3 是一张预览幻灯片，以图形方式描绘了美国捕鲸业消亡的经济学讲座的一系列学习目标。

在讲座中展示学习目标及它们如何相互关联可以帮助学生找到主题思想和他们应该倾听的内容，同时还可以帮助你检查演讲的组织结构。这里的抹香鲸剪贴画有助于统一导致捕鲸业消亡三个原因的思想，同时巧妙地传达了抹香鲸是那个时期被

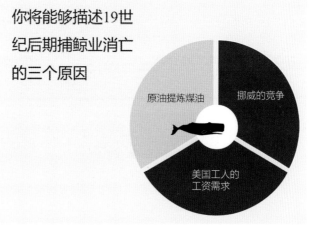

图 3.3

捕猎最多的物种的信息。

路标幻灯片

与基于打印文档中的文本标题等效，路标幻灯片可以帮助学生了解他们在讲座幻灯片中所处的位置及与预览幻灯片所展示的更大结构之间的关系。它们还在视觉上标识你正在从一个话题转移到另一个话题。路标幻灯片可以是简单地说明主题名称的文本幻灯片，也可以是预览幻灯片的重用版本。图 3.4 显示了如何根据原始日程表幻灯片（图 3.2）创建四个路标幻灯片。每个部分除了更改颜色和文本提示"你在这里"，不涉及其他额外的设计工作。在每个新主题的开头插入这样一张幻灯片，以表示主题过渡及提醒学生关注更大的组织结构。

路标幻灯片支持观众中每个人的功能需求。它们为学生和你提供了思想稍息，也提供了提问的机会，并通过有效的重复来强化讲座的主题思想。同样，学生在现场讲座中没有暂停和重播的能力，因此你演讲中的组织结构标志物给他们提供了大量的机会来保持"找到"状态。

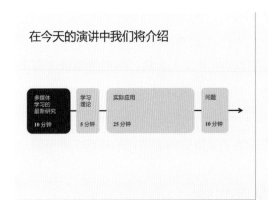 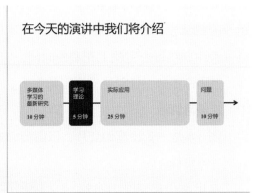

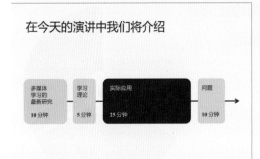 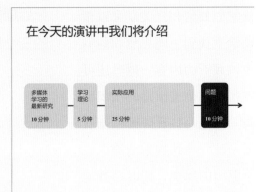

图 3.4

回顾幻灯片

口述总结性的结束语是任何讲座有益的结尾。当你在学习构建其他学术写作时也能得到相同的建议：告诉他们你准备告诉他们的；告诉他们；然后告诉他们你已经告诉他们的。请考虑至少提供一张幻灯片，其中具有你所涉及信息的视觉总结，包括主题思想和宗旨——一张回顾幻灯片。一个精心制作的预览幻灯片甚至可以在这里进行重复使用。

给幻灯片编号

为演示文稿中的每张幻灯片插入编号，以便学生在有问题时可以轻松索引到这张幻灯片。选择一个固定位置来放置编号信息，在不显眼但是可见的区域，最好是右下角（左下角应该用于放置引文信息）。

你无须手动输入幻灯片的编号。任何强大的幻灯片应用程序都应该包含自动编号功能。某些应用程序称之为页码编号。除了节省时间，利用软件自动插入页码也意味着你在演示文稿中移动或者删除幻灯片时，编号将自动更新。

给学生准备分发的幻灯片

对于你如何准备分发的幻灯片文件，本节课内容不是为了提供逐步指导，而是仅仅提供概述。

当你开始实践学术幻灯片设计之后，你很可能停止分发原来的幻灯片，而以前你经常这样做。一方面，你的幻灯片不再仅仅是项目符号的列表，因此它们作为删减的演讲者笔记是没有用的；另一方面，你已经创建了一个单独的讲义，这是讲座主题思想的简明版本（参阅第4课）。但是，如果你决定将幻灯片文件分发给学生，请做以下三件事来保证无障碍性。

（1）在每张幻灯片的标题区域添加唯一的标题。没有两张幻灯片的标题应该完全相同（并且没有幻灯片标题中包含"续前"）。

（2）排列文本框的顺序，以便屏幕阅读器按逻辑顺序来读取它们。由于你大部分情况下使用预定义布局向幻灯片添加内容（参阅第10课），因此你只需对手动添加的幻灯片对象（如文本框和SmartArt）执行排序。你可能需要对某些形状进行分组，以帮助实现逻辑阅读顺序。

　　(3) 为所有非文本内容创建替代文本。任何不是直接输入占位符字段的文本都需要替代文本（有趣的是还包括文本框）。

练习

　　1. 打开幻灯片编号。你不必手动添加幻灯片编号（在某些幻灯片应用程序中称为"页码"）；弄清楚如何打开它们并在幻灯片母版中根据需要重新定位。请记住，保持幻灯片编号位置的一致性和视觉上不显眼这两点很重要。当学生寻找它时，它就应该在那里，但是当学生不寻找它时，它几乎是不可见的。

　　2. 预览和回顾幻灯片。也许你已经养成了为你的讲座提供日程表幻灯片的习惯。如果没有，请思考如何将此做法添加到幻灯片设计流程中。第16课提供了一条建议路径。如果你已经习惯于提供日程表幻灯片，请检查你经常使用的设计可能被重用为预览和回顾幻灯片。将这些路标插入你的演示文稿并与学生一起进行试用。一个演讲包含和不包含路标幻灯片有什么不同的效果？你是否发现你自己据此重新组织了演讲的其他部分？学生提出的问题数量是否有变化，或者他们获取材料的难易程度如何？引导学生反馈并观察他们是否意识到预览和路标幻灯片为你的讲座增添了价值。

无障碍且具有功能性的讲义

lesson four

　　学术幻灯片设计建议你创建一个单独且简洁的文档，其目的是将其分发给学生。当你分发讲义而不是幻灯片的副本时，幻灯片的标准无障碍性建议将替换为需要理解如何将文字处理文档①进行无障碍格式化处理。本节课的目的是向你展示如何创建无障碍的讲义，一般认为这比制作无障碍的演示文稿容易得多。与过去分发整个演示文稿的做法相比，这种做法更环保、更便携、更适合讲座后的学习任务。它可以帮助你减少创建重文本幻灯片的需求，因为学生需要从你的讲义中获得主题思想，而讲义中可以包含大量文本。但是你必须停止从幻灯片应用程序中直接打印讲义。

为什么你需要一份独立的讲义

　　你的幻灯片应用程序中的"打印→讲义"功能可以将幻灯片转换为缩略图，可以打印三张、六张甚至九张图到一页纸上（图4.1）。

　　请注意该文档中存在多少浪费的空间，以及幻灯片的内容是如何被压缩的。当其被用作打印副本进行分发时，这种做法会使用大量额外的纸张，并且将信息缩略成基于图像的文本框，使得屏幕阅读器软件无法访问该信息。当用PDF格式的电子文档进行分发时，它不适合现代的教与学环境，因为学生可能希望直接在这上面打字。但这里还有一个更大的问题：缩减内容的缩略图是所有学生在宿舍独自学习必须课下学习的对象，当缺乏指导教师的讲解而单独使用这些缩略图文档时，叙事过程会丢失，意思也会丢失，整个讲座会被简化为一系列隐藏主语、动词或者其他重

---

① 一般指使用Office Word或者Google Docs编辑的文档。（译者注）

要句子部分的神秘条文。

讲义是我的同事克里斯·洛佩兹（Cris Lopez）所指的学习辅助"课程生态学"中的一部分，其中还包括讲座、幻灯片、课程阅读、学习活动和评估。每个组成部分在你的课程中都有其独特的作用和目的。我鼓励你思考并创建一个讲义，作为一个独立于创建脚本和幻灯片的教学活动。虽然这三种产物都是源于相同的计划活动（现场讲座），但是它们的目的是在不同的场景中使用（课堂与学生的自学空间）。如果你真的希望学生能够理解和学习有用的信息，请以简明的格式提供这些信息，以便日后可以参考。幻灯片的目的是在讲座期间以视觉方式提供辅助。而讲义的目的是回顾讲座的要点。

图4.1

创建单独的讲义符合以多种格式提供信息的通用设计原则。对于有感觉或运动障碍必须依靠屏幕阅读器，或者具有其他认知挑战如阅读障碍或注意力缺陷障碍的学生而言，精心准备的讲义与仅提供幻灯片相比，可以提供更加有效的方法来学习你演讲的主题思想。

根据你的教学目标和学生的不同水平，你可以选择将讲义设计成学生可以遵循的工作表或者课后学习辅助。

准备一份单独的讲义，为了无障碍进行编排

文字处理文档无障碍所需的五个核心步骤为：

(1) 使用章节标题构建文档，并使用段落样式格式化标题。

(2) 使用项目符号/有序列表工具来设置项目符号列表或编号列表的格式（而不是手动创建它们）。

(3) 在表格中指明列标题和行标题。

(4) 编写描述性的嵌入式超链接。

(5) 为非文本内容编写替代文本。

无障碍文档这些核心技能的妙处在于，它们为所有学生提高了文档的可用性，而不仅仅是那些使用自适应技术的学生。它们可以帮助你以更全面、更有条理的方式组织你的思想。在文字处理文档中，你的思想都在同一个地方；而在演示文稿中，你的想法可能放置于备注区，拆分并散落于多张幻灯片中。在用于编写文档的应用程序中构建一个有凝聚力的观点更加容易。

章节标题

通过创建章节标题来组织讲义，标题应使用对比强烈的字体和字号，易与正文的其他部分区分开来。使用文字处理程序的段落样式功能来设置标题样式，而不是手动更改用作标题的文本属性。

当你使用段落样式时，你可以让自己的工作更轻松：例如，如果使用段落样式，你可以快速更改整个文档标题的外观。你还可以使文档更易于扫描（在信息设计中称为可扫描性的一种理想品质），以帮助学生一目了然地查看文档中的信息是如何组织的，并帮助他们找到他们要找的内容。此外，段落样式对于使用屏幕阅读器的学生来说更加易用，学生可以使用屏幕阅读器软件扫描文档中的所有标题。相比之下，屏幕阅读器用户很难区分手动设置的章节标题和正文文本。

项目符号/有序列表

无论你在何处使用列表，都可以使用项目符号/有序列表工具对其进行格式化，而不是手动创建自己的项目符号或数字。这种做法也提高了可扫描性。你可能已经注意到，列表工具不仅会插入列表字符（项目符号或数字），还会格式化制表符、空格和悬挂缩进，从而创建空白区域。空白区域使视力正常的学生更容易扫描信息。使用项目符号/有序列表工具还允许使用自适应技术的学生进行扫描；屏幕阅读器软件允许用户单独隔离和收听页面上显示的列表。如果手动格式化列表（如仅有短划线和空格），屏幕阅读器将不会把它们识别为列表。

表格

表格应该用于显示数据，而不是用来控制讲义的布局。应始终标记行和列的标题，以便学生不看表格也可以知道其后每个单元格中的预期信息。请参阅文字处理软件中的表格设计设置或"帮助"菜单，以确定如何指定哪一行包含列标题。

超链接

可以通过两种方式显示超链接：显示它的整个文本（例如：www.webaim.org）或将超链接嵌入指示链接所在位　置的单词内（例如：苏格兰鹅的迁徙讲座笔记）。

只要你分发的是讲义电子版本而不是物理副本，请使用更有效的嵌入式链接方法。这样，屏幕阅读器用户就无须耐心听完被大声读出的冗长地址中的每个字符。嵌入式链接占用的页面空间更少，使页面文本更少。但是，嵌入式链接对于你作为硬拷贝分发的文档将毫无用处，因为这里的超链接看起来就像带下划线的文本。

适当描述性的嵌入式超链接改善了链接的无障碍性和可用性。其目的在于创建链接，告诉学生他们要找什么而无须实际点击链接。例如：名为"完整引用列表"的描述性嵌入式超链接优于"点击此处获得完整引用列表"，其中超链接仅嵌入在文本的"单击此处"部分中。使用屏幕阅读器软件的用户能够隔离和阅读给定页面上出现的超链接，即使脱离了句子其余部分的上下文，也能知道这个链接指向哪里。总之，描述性的嵌入式超链接通常是最佳的解决方案。

替代文本

为了使屏幕阅读器等自适应技术能够阅读文档中的图像，需要添加替代文本。你应该为所有非文本内容添加替代文本，其中包括图像、图形和图表。装饰元素除外，没有必要在装饰元素中添加替代文本。

编写替代文本的传统建议是，简单地假装你是在为看不见的人描述图像，但这不是描述这种技能的完全准确的方法。对于替代文本，不能简单地描述图像或图形的表面特征（除非这是摄影课，你们正在讨论技术）。相反，应该描述图形的功能和内容。换句话说，这个图形在该页面上的作用是什么？你为什么让学生看？他们应该寻找什么？图形表达的主题思想是什么？使用简单且精确的语言书写，而不是复制文档中已有的其他文本信息。例如，如果你已经为图形编写了标题，就不需要添加替代文本，因为这是多余的。

请记住，你将在文字处理程序中而不是幻灯片程序中执行所有这些操作，并在此过程中创建丰富且有效的学习工具。

练习

1. **为已有的演示文稿创建大纲**。没有必要将幻灯片每页进行剪切和复制到文字处理文档中，从而得到幻灯片的纯文本版本。如果你现有的幻灯片采用的是传统的"主题—子主题"结构，你可以轻松地将其转换为大纲，然后使用该大纲创建讲义或者演讲者笔记。在 PowerPoint 中，使用"文件→另存为→rtf文件"这一过程将产生一个富文本文件，其中格式和媒体已被删除，但文本以大纲形式保存。这个方便的技巧在 PowerPoint 和 Google Slides（下载为→纯文本文件）中都可以找到。

2. **从纯文本大纲中创建讲义**。这项练习是在之前的rtf转换练习的基础上进行的。为了制作一个有用的讲义，你首先要做一些改写，以确保所有的信息都是完整的句子，并且清晰简洁。

接下来，添加标题（标题1、标题2、标题3等）来确立文档结构。使用文字处理程序的样式菜单，而不是手动更改文本的外观。如上所述，手动更改外观对使用屏幕阅读器的学生没有帮助，因为屏幕阅读器无法将手动格式化的文本识别为标题。

如果讲义包含表格，请找到文字处理程序中让你设定行列标题的地方。

检查你的超链接。它们是否嵌入文本中？是否能够知道超链接指向而不必先点击它？嵌入式链接在脱离上下文的情况下是否合理？

确保使用列表工具创建项目符号和有序列表，而不是手动创建。

最后，如果你的讲义包含图像，请为这些图像添加替代文本（你有可能需要查看帮助菜单以了解如何在特定的文字处理程序中执行此操作）。

太棒了！现在你拥有了高效且易用的参考资料和资源来分发给学生。

非列表 1：无列表视觉设计

项目符号的使用（以及类似重文本的视觉处理）是十分常见，以至于几乎不可能**不考虑**项目符号。然而基于列表的设计，作为现场讲座的补充，项目符号是最没有效果的。当你被落后和无效的范例包围时，你如何拥有一种新的且更有效的幻灯片设计习惯？本节课的目标是说服你停止使用项目符号，或者至少停止经常使用它们。同时，你将学习更多图形化和更少字符化的思维方式。你还将学习一些天然文本较少的幻灯片设计结构。但是有时候，最好的方法是根本没有幻灯片。

项目符号有什么问题？

项目符号本没有错。实际上，在某些情况下，它们是最有效的选择（参阅第 14 课）。但是，由于多种原因，项目符号通常都是一个不佳的选择。为什么？

列表是拐杖

列表鼓励你将幻灯片用作提词器，而这将导致无聊的讲座。类似提词器的幻灯片也可能使你无法满足学生的需求，因为你正在跟随投影幻灯片的"脚本"。

列表分散精力

如第 2 课所述，同时阅读和听讲是不可能的。当你投影项目符号时，学生将被迫决定选择阅读还是听讲。

列表模仿组织形式

书面大纲非常适合组织书面材料，一般我们被教育用来进行规划研究论文。当你在文字处理文档中写作时，可以轻松地跟踪你所处的层次结构位置。但是，使用层次大纲来组织讲座材料的策略不起任何作用。实际上，大纲导致分块和分段，在视觉上将从属主题和它们所支撑的主题思想分割开来。由此产生的设计具有双重问题。首先，如图 5.1 所示的幻灯片，它没有给予学生视觉提示，指示它们在层次结构中的位置和编号（学生会花时间琢磨，“步骤 4B”？**总共有多少步骤？所有步骤都有子步骤吗？**）。其次，即使从幻灯片画布中去除了大纲标识，当你前后移动幻灯片时，也很难保证信息按顺序排列。

步骤4B：分析来源
1. 积极分析文献
2. 评估其与项目的相关性：仅包括与综述直接相关的挑选材料
3. 为项目创建一个概念框架，其中包括一个可操作的研究问题：你的研究问题！
a. 一旦你有了一大堆相关的研究，很难不只是描述一个接一个的研究，但这创建了一个过度描述性的列表，几乎没有评估、批评或叙事结构的元素。

图5.1

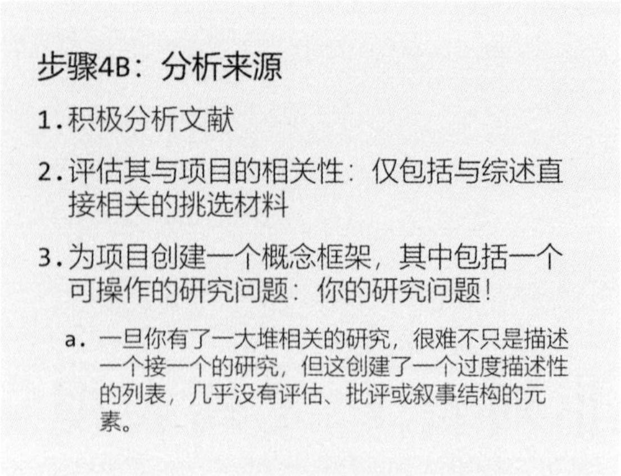

最重要的是，讲座与学术论文不同，它们需要一种不同的组织形式，这种形式只有依赖于口述的节奏、主题思想的重复和积极的讲课技巧才能成功。与研究论文风格相同，基于大纲创建的演讲可能导致产生一个更加难以跟随和记忆的讲座。

列表无法描述复杂关系

项目符号无法利用我们自然的、几乎瞬时地从信息的视觉空间安排（即文字和形状如何在画布上排列①）中获取信息的能力。将马斯洛需求层次理论的视觉描绘和项目符号列表进行对比（图 5.2），你能从视觉描绘中获得更多信息，并且更快。

马斯洛需求层次理论
• 生理需求
• 安全需求
• 爱和归属感
• 自尊
• 自我实现
马斯洛需求层次理论
自我实现
自尊
爱和归属
安全
生理

图5.2

列表很难显示重点

当每条信息都出现在幻灯片上

① 爱德华·塔夫特（Edward Tufte）在其有影响力和有趣的论文《PowerPoint的认知风格》中首次阐述了这一观点。

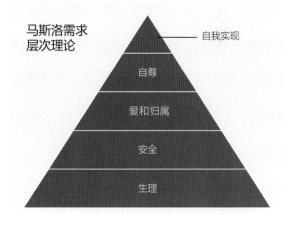

时，没有任何一个被认为比其他信息更重要或更不重要。换句话说，当你把**所有**的演讲点都放在幻灯片上时，你无意识地传达了**一切**都很重要的信息。[1]

列表限制了学生的认知

当你在幻灯片上以讨论要点的形式写出所有信息时，你以记笔记的动作活动剥夺了学生的专注力。[2]如果你随后将提供所有主题思想一字不差的大纲，那么学生为什么要记笔记呢？

列表很无聊

在书籍或期刊文章中，可以接受视觉差异很小的文本墙——支持扩展阅读的格式——但很难在屏幕上进行，特别是当该文本墙与传入的口述信息互相竞争时。

最糟糕的是：项目符号将幻灯片变成主要事件，让你成为助手。[3]你想要扭转这种局面。作为教师，是主要事件，你的幻灯片应该是你的视觉助手。如何才能实现呢？减少重文本方案。

重文本幻灯片的"解药"

无效且重文本幻灯片的"解药"是训练自己具有更多图形化和更少字符化的思维方式，正如我的同事艾莉森·林克（Alison Link）表达的那样简洁。但这不意味着你需要找到所有你想描绘东西的图片，这对许多学术课题来说是不可能的，并且会导致装饰性、造作和令人困惑的设计。相反，除了文字、图片、图表、图形和视频剪辑，还要考虑如何利用画布上的空间来增加意义。

你可以从保证每张幻灯片只有一个目的开始：只传递一个观点（而不是基于文本的几个想法列表）。这一目的可以与内容（例如，该幻灯片的要点是为了向学生展示**这一点**）或者功能（例如，该幻灯片的要点是第一和第二部分的过渡）有关。如果遵循这个简单的建议，那么你就可以更直观、更有效地思考和设计。

为了说明我的意思，请看如图 5.3 所示的幻灯片。教师使用幻灯片画布列出了他想通过三张幻灯片讲述关于电影和主题的所有要点：一个使用幻灯片作为提词器的经

---

[1] "重要指向"的观点来自《PowerPoint，心灵习惯和课堂文化》，凯瑟琳·亚当斯（Catherine Adams）进行了在课堂上使用PowerPoint的现象学研究。

[2] 这个观点借鉴了凯瑟琳·亚当斯（Catherine Adams）2008年的论文《PowerPoint的教学法》。我建议将亚当斯的论文作为教室中幻灯片教学的基础读物。

[3] 克里斯托夫·韦克（Christof Wecker）的一项研究（"幻灯片演讲作为语言抑制器"）确定了一种"语音抑制效果"，与教师口述信息相比，学生更加重视在幻灯片上找到的信息。

典范例。学生将无视口述内容，而是在幻灯片切换之前快速尝试阅读所有的信息，或者他们会花时间盲目地将列表信息复制到他们的笔记中，以便他们可以随后学习。

在此基础上，根据教师想要强调的主题思想，幻灯片设计可以在几个不同的方向上进行。

首先，如果本节课的主要内容仅仅是定义主题，那么所需要的只是一个简短的描述性定义，然后教师可以进行详细阐述。

第二种选择是通过对比来定义术语。在这种情况下，教师可能会对幻灯片中的"主题"和"主旨"进行对比，然后通过为每个定义提供示例并解释其差异来进行详细说明（图5.4）。

第三种选择是以关系方式定义主题。图5.5说明了通过形状和箭头可视化表达的关系定义。教师可以在此基础上进一步阐述。

这些方法不是为了减少你的幻灯片或者内容。你要做的是限制学生从重文本幻灯片中学习新信息时所付出的心智努力。如果他们使用较少的精力来阅读重文本幻灯片，他们就会将更多的精力投入学习真正困难的材料中。

请记住，你在视觉交流中的简单意图，可能会让你孕育关于口述交流的新见解，并有助于确保你的讲座是专注、恰当和易于理解的。通过关注你自己的信息，你就可以帮助学生专注学习。

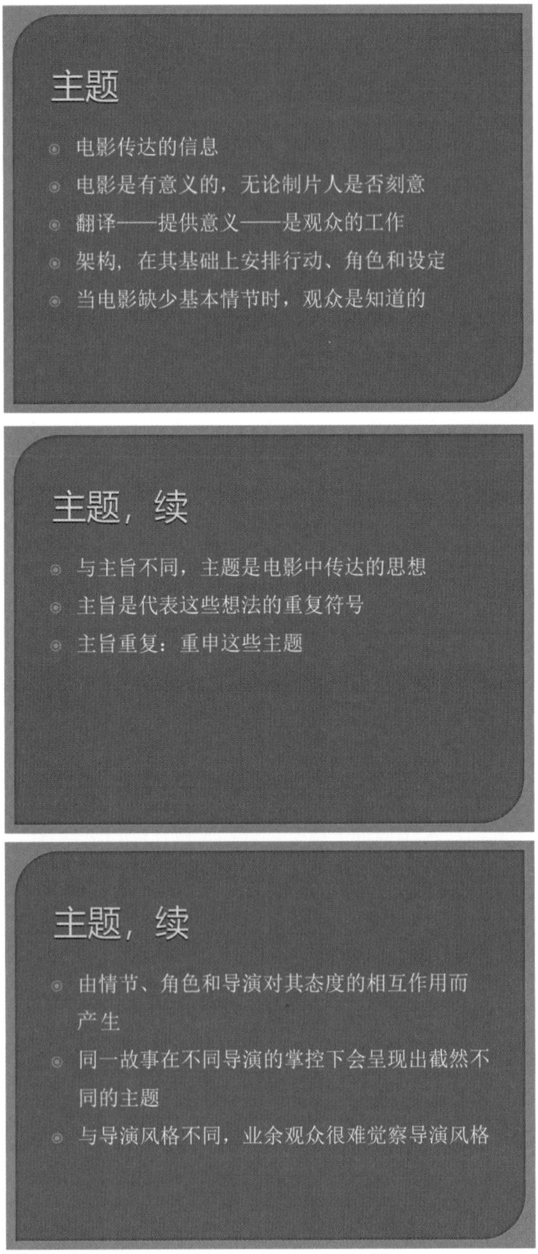

主题
- 电影传达的信息
- 电影是有意义的，无论制片人是否刻意
- 翻译——提供意义——是观众的工作
- 架构，在其基础上安排行动、角色和设定
- 当电影缺少基本情节时，观众是知道的

主题，续
- 与主旨不同，主题是电影中传达的思想
- 主旨是代表这些想法的重复符号
- 主旨重复：重申这些主题

主题，续
- 由情节、角色和导演对其态度的相互作用而产生
- 同一故事在不同导演的掌控下会呈现出截然不同的主题
- 与导演风格不同，业余观众很难觉察导演风格

图5.3

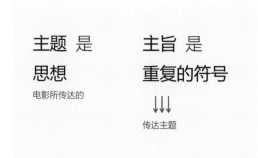

图5.4

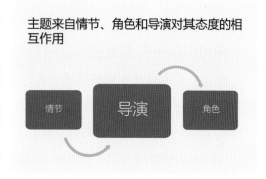

图5.5

作为助手的幻灯片

有效的教与学幻灯片不依赖于项目符号和其他重文本设计，而依赖于口述和图形表示之间的相互作用。为什么包含图形的幻灯片比基于文本的幻灯片更有效？

简单的图形视觉效果可以通过两种方式改善你的现场（和录制）演讲。从规划和输出的角度来看，图形视觉处理的可用性帮助你将幻灯片当作助手。本书所有的改造图都建立了一种状态，那就是将教师定位为信息的主要来源，而将幻灯片定位为助手。当你学习这些技术时，你将与你的幻灯片建立不同的关系，你会依赖它们来阐明和强化你的演讲，而不是仅仅念出它们。

图形化幻灯片可以帮助学生快速掌握信息。你可以在瞬间说出这些圆柱中哪一个代表"最"（图5.6）。同样的，与听讲和阅读重文本的定义相比，你可以通过观察一张图片来快速确定什么是脚踏车。如果学生可以越快地理

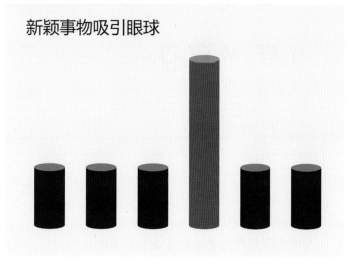

图5.6

解幻灯片的含义，他们就能越快地将注意力转回到你身上。

你可以做一些事情替代项目符号

现在，把重点放在构建描述关系的幻灯片上，而不是列出讲座要点。这些幻灯片是什么样的？以下是两种替代结构：

(1)断言–证据结构（参阅第7课）。

(2)SmartArt处理方案（参阅第10课）。

我将简要地讨论下面三个额外的设计结构：基于文本的处理方案、图形与标签和带标题的全屏图像。

基于文本的处理方案

基于文本的处理方案是指幻灯片的中心图形由字母组成。作为包含其他几种设计结构的设计集合的一部分，基于文本的处理方案可以作为一种有效手段来传达主题思想，如图5.7所示。

图形与标签

有时候你很幸运，这个主题恰好具有一个简单的主题图片，可以通过标记显示其各部分，如图5.8所示。

图5.7

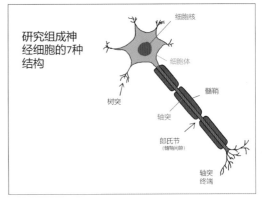

图5.8

带标题的全屏图像

全屏图像处理方案是在复杂、繁多内容的幻灯片之间，提供一些新颖、视觉中断的有用方式，如图5.9所示（图6.4也是如此）。

某些类型的信息密集图形——信息图表、概念图——可能会在学习者可控的幻灯片中使用，也就是说，在录制的演讲中，学生可以在每张幻灯片上花费足够多的时间。实际上，正如你将在第 13 课中看到的那样，这些设计中的任何一个都可能或多或少有效地呈现。

图5.9

练习

1. **重点是什么?** 下次听演讲时，看看你是否能从演讲的内容移开，转而关注幻灯片设计本身。尝试清楚地表达每张幻灯片的唯一主题思想(是否能从每张幻灯片中仅分离一个主题思想)。当你做这个练习时，你感受到什么压力? 例如，多少次你错过了演讲者所说的内容? 当你努力听讲时，多少次你没能阅读幻灯片的内容? 在演讲的中途，多少次你专注于演讲者所说的内容? 当每张幻灯片只包含一个主题思想时，看看你是否可以想象幻灯片的样子(这项练习对于在线录制的讲座也很有趣，也许可以代替晚间的比萨和电影之类的消遣)。

2. **整理演示文稿。** 从你过去的演讲中发掘一个演示文稿，并计算其中幻灯片的页数，然后执行内容的高等级筛选:认真检查一遍，去除那些仅作为提词器使用或试图实现多个主要目标的幻灯片。保留那些可以通过简单地将内容分成几张额外的幻灯片而变得更加高效的幻灯片。最后计算一下保留的幻灯片的数量。与最初相比，你剩下多少张幻灯片? 这种方法的缺点之一是，导致你的演示文稿中添加了更多的幻灯片，无形中为自己带来更多的工作量。但事实上，你在这样一个整理练习中可能会发现，你不再制作无效的幻灯片，这很好地平衡了为创造更好的幻灯片而额外付出的努力。

3. **从图形设计反推列表。** 这是在你上班途中可以做的一件有趣的事情。观察身边的图形设计，如公共汽车或火车上张贴的广告牌或标牌，并关注形成设计的单词和文字之间的相互作用。清楚地表达主要信息——不是广告商的号召性用语("购买这只口红！"），而是设计本身传达的信息（"这种新的口红配色会让你看起来更年轻"），然后想象将设计的信息变换成传统的项目符号幻灯片设计的标题。根据广告的视觉内容——选定的图像、字体，广告正文的数量，广告正文所说的内容、色彩、色调及所有这些东西的布局——写下五个左右的要点来支持你的推断。在标题下列出它们，就像在常规幻灯片上那样。最后回顾一下并与原始图形设计进行比较。需要思考以下问题：

(1) 列表版本和原始图形版本的效果怎么样？

(2) 你可以从广告的非文字部分获得哪些信息？

(3) 文字和图片相比，什么信息沟通更有效，反之亦然？

留白的力量

有经验的教师知道，在讲座中明智地安排自信的停顿，是让学生停止手头事情并看向教室前方的最有效方法。在演讲中，沉默很新颖，因此让思绪围绕一些问题活跃起来，例如，"他们将要说什么？"或者"为什么这里突然如此安静？"留白是沉默的视觉类比，是你可以随意使用的最有效的视觉强调技术。留白消除了所有的视觉混乱，并帮助学生专注于幻灯片的唯一主要信息。它将重要和次要区分开来（尽管我希望你首先忽略了次要的东西）。它辉映而不是遮挡了你所呈现的信息。因为它很重要，所以本主题单独成为一课：我希望你了解留白的力量，并尽可能地利用它。

留白作为设计元素

你在图 6.1 中看到了多少个设计元素？有人会说一个：幻灯片右下角的橙色圆圈。但是我认为有两个：橙色圆圈和围绕它的灰白区域。

图6.1

留白（也称为负空间）是在艺术和图形设计中的术语，用于表示不包含其他内容的区域。留白不需要是白色的，仅仅是空白，但是空白并不表示一无所有。幻灯片上的留白不是某种不存在。它不要被填满。当你开始将留白视为幻灯片画布上的设计元素之一时，你的设计将得到极大改善。让我们将"留白作为设计元素"这一概念应用到实际生活中。图6.2中的原始设计，旨在配合关于中低收入国家腹泻治疗的儿科全球健康讲座。这张幻灯片有很多有价值的内容，但是几乎没有任何空白区域，这使得人们难以专注于任何一个区域。

图6.2

改造图（图6.3）表现得更清晰、更集中，因为一些观点已经重新组织并移动到了单独的幻灯片中。这样更容易弄清楚主题思想，其设计的整体感觉不是那么让人有压迫感。这就是留白在起作用。

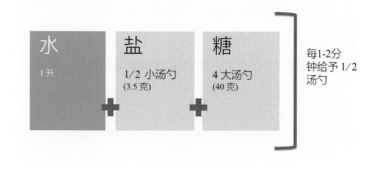

图6.3

当你开始将留白视为设计的一部分时，你将开始保护留白，而不是尝试用更多信息或更糟糕的装饰来填满它。

利用非活动空间

你还可以尝试将文本放置于照片的非活动空间，如图 6.4 所示。照片的非活动区域相当于留白：它们是图像中非主体的部分。图像非活动区域的用法是加尔·雷诺兹（Garr Reynolds）在他的畅销书《演说之禅》中描述的视觉简化[1]的方法之一，该书详细讲述了如何创建这种类型的幻灯片，并展示了数百个漂亮的相关示例。虽然在学术演讲中对于每张幻灯片反复使用这种技术可能很困难，但是《演说之禅》中的方法可以提供一些很好的视觉多样性。制作此类幻灯片时，请确保文本的色彩和大小与背景对比鲜明，并且图像会补充而不是装饰文本。

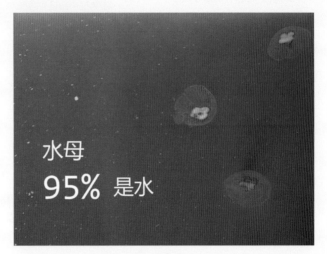

图6.4

留白作为强调工具

留白在引起注意方面比下划线、粗体、斜体、着色、用箭头指向或使用醒目的感叹号更有效。与留白的力量相比，这些技术就是视觉噪声。留白会迫使眼睛从非内容转向内容。你不禁会被幻灯片上的新颖对象所吸引。如果你想将注意力引导到一个物体上，用空白区域围绕它是最有效的方法。

图 6.5 展示了一个扩展的引用，这经常出现在幻灯片上。教师打算稍微剖析一下这段话，强调它所包含的每一个观点。所有这些强调技术的无意识效果是导致没有任何内容得到了视觉强调，这里有太多的视觉竞争。

---

[1] 这个术语来自道格拉斯·约翰逊（Douglas Johnson）和杰克·克里斯滕森（Jack Christensen）所做的研究，比较在视觉简化和传统的"主题—子主题"这两种幻灯片设计条件下学生的态度和产出。（《视觉丰富的简化和传统演讲风格的比较》）

为了改进这种设计，你可以选择一种强调形式来帮助学生专注于各部分，但是非强调元素依然是可见的，仍然在争夺注意力。当空白区域被刻意添加到文本块的四周来提供呼吸空间时，看看这个幻灯片变得多有效（图6.6）。

这样的结果是留白设计不仅通过简洁展现了视觉吸引力，而且更加无障碍，因为它可以帮助学生将注意力放到关键要素上。当你有意识地为留白腾出空间时，减去非关键要素要容易得多。

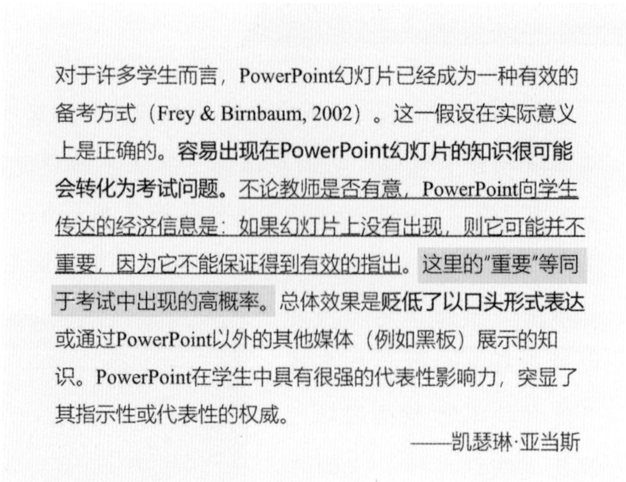

对于许多学生而言，PowerPoint幻灯片已经成为一种有效的备考方式（Frey & Birnbaum, 2002）。这一假设在实际意义上是正确的。容易出现在PowerPoint幻灯片的知识很可能会转化为考试问题。不论教师是否有意，PowerPoint向学生传达的经济信息是：如果幻灯片上没有出现，则它可能并不重要，因为它不能保证得到有效的指出。这里的"重要"等同于考试中出现的高概率。总体效果是贬低了以口头形式表达或通过PowerPoint以外的其他媒体（例如黑板）展示的知识。PowerPoint在学生中具有很强的代表性影响力，突显了其指示性或代表性的权威。

——凯瑟琳·亚当斯

图6.5

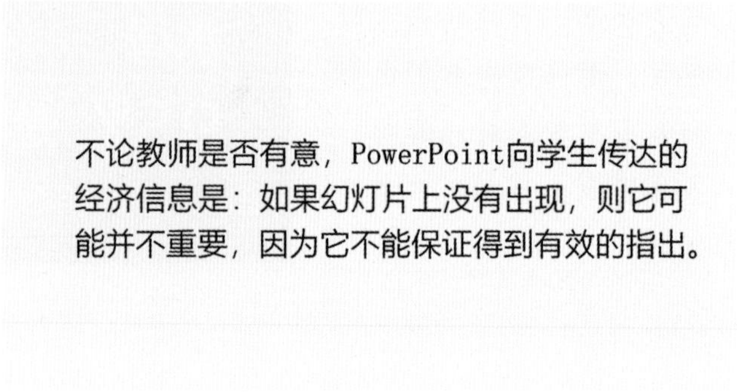

不论教师是否有意，PowerPoint向学生传达的经济信息是：如果幻灯片上没有出现，则它可能并不重要，因为它不能保证得到有效的指出。

图6.6

练习

1. **整理杂乱的幻灯片**。查看你之前创建的演示文稿，并看看你如何使用留白。找一张最拥挤的幻灯片，看看如何在保留预期含义的同时创造更多的空白区域，去除装饰元素。将子主题分解到多张幻灯片页面中。现在反思你新的、整洁的设计。在讲座中使用这张新幻灯片你会感觉舒服吗？你的演讲风格该如何变化（如果有的话）？如果你的演示文稿中所有幻灯片都是这样的话，你的学生会有怎样的反应？

2. **留白探险**。下次你参加会议时，请使用你同事的幻灯片进行留白探险。当你发现刻意使用作为强调的留白时，拍下它的照片，这是纪念成功发现的方式。如果你认为这是一个特别给予你灵感的范例，请在第1课中提到的视觉日志中存档该照片。

非列表 2：断言 – 证据结构

你从未听说过断言–证据结构（A–E结构）？它是教与学中最有效的幻灯片设计之一。A–E结构非常适合显示饼图、折线图和柱状图等数据。正如你将在本节课和整本书的示例中看到的那样，它也适用于其他类型的材料。迈克尔·艾利（Michael Alley）在她的《科学演讲中的技巧》一书中对A–E结构进行了最广泛的研究和推广，一些同行评议的期刊文章显示，当讲座中伴随此类幻灯片时，该结构在改善信息的回忆和保持方面具有有效性。在本节课中，你将学习如何及何时使用A–E结构。

A–E 结构

在使用视觉效果的地方，有效的讲座需要起作用的幻灯片，既可以处理学术问题的复杂性，也可以帮助学生记住和保持信息。加入断言–证据幻灯片，这是一种经过验证的技术，可以满足现代学术讲座的实际要求。

A–E结构是一种纯粹的天才表达方式，因为它易于学习且其适用性跨越多种主题、话题和学科。该方法很简单。确定幻灯片的主题思想，并写成一个简洁的语句放在幻灯片的顶部。然后使用剩余的空间提供视觉证据来支持该主题思想。

A–E结构不仅可以产生更漂亮的幻灯片，而且可以与图形、记忆和认知的研究相匹配。以这种方式设计的幻灯片能够让学生快速确定幻灯片显示的内容，因为你明确地告诉了他们，而不是让他们来找出主题思想。最好的地方在于，这种技术通常甚至不需要彻底改造。你的许多数据显示幻灯片可能已经接近A–E结构。实际上，当幻灯片以图示形式（如图表和图形）显示数据时，A–E结构可能是最具影响力的。

来自营销讲座的数据幻灯片（图 7.1）几乎完全符合A–E结构。这种幻灯片有一个主要的观点，且支持这个观点的清晰视觉证据占据了幻灯片页面的大部分。要将其变成断言–证据幻灯片（图 7.2），你需要做的就是重写顶部的标题短语，明确告诉学生们他们应该从图形中获得什么。

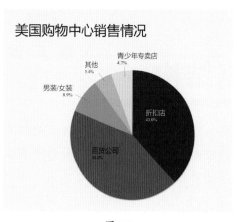

图 7.1　　　　　　　　　　　　图 7.2

当然，从数据显示中得出的结论和含义是微妙而复杂的。你可以通过参考还未显示的主题思想和证据来讨论这些结论，或者你可以增加额外带有其他断言的幻灯片，调整显示以强调图形的不同部分。

找出每张幻灯片的唯一要点

如上所述，创建成功幻灯片的关键是能够识别和表达幻灯片的一个主题思想。大多数重文本、列表幻灯片设计保护许多要点——有时候支持同样的主题思想，有时候不支持，通常是因为教师在幻灯片软件中，而不是在文字处理文档中撰写讲座（参阅第16课，有很多好的理由不以这种方式规划讲座）。写作即思考，我们都需要很多写作（思考）才能发现我们的主题思想。

请看看图 7.3。明代心学发展的历史是一个宏大的话题，这位设计师试图将其中的大部分融入10×7.5（1英寸=2.54厘米）英寸的空间。仔细研究一下，这张幻灯片根本不是关于明代心学的发展，而是关于王守仁的生平事迹。请看看第一部分的最后一个项目符号："明代最伟大的思想家，将心学发扬光大"这一说法似乎是其他项目符号的总结，可能还有争议。如果将该断言移到幻灯片的顶部并利用视觉证据构建，那么这张幻灯片会是什么样子？

A-E 结构的非数据范例

当你发现自己倾向于在幻灯片上使用项目符号列表时，将A-E结构视为你的设计工具包中众多工具之一和首选策略。如果主题不是数据驱动呢？

范例1：有效对比

图7.4中的幻灯片显示了教师想要记住并将提到的大量文本。角落里的图像无助于学生了解月球的特征，当前它的作用仅是装饰和空间填充。

明代心学发展

王守仁(号阳明)
- 成化八年（1472年）出生于浙江余姚
- 弘治十二年（1499年）赐二甲进士第七人
- 正德元年（1506年）因触怒刘瑾，谪贬至贵州龙场
- 谪贬时期写了《教条示龙场诸生》，史称"龙场悟道"
- 正德十四年（1519年）平定宁王之乱
- 正德十六年（1521年）升为南京兵部尚书，加封王守仁为新建伯
- 嘉靖元年（1522年）回乡守制，创建阳明书院，传播"王学"
- 嘉靖八年（1529年）病逝于江西南安府
- 明代最伟大的思想家，将心学发扬光大

陈献章和湛若水
- 陈献章倡导涵养心性、静养"端倪"之说
- 湛若水提出其心学宗旨"随处体认天理"

图7.3

要应用A-E结构，首先要确定这个幻灯片的真实观点，即月球的近侧是以月海为特征。这一点在幻灯片的标题部分进行了说明。幻灯片其他部分的文本是精心准备的，可以移动到幻灯片的演讲者备注区域（未显示）。然后将图像提升到幻灯片的中央（图 7.5），并通过其中心位置让学生知道该图像很重要。

对于那些不知道什么是月海的学生来说，区分它们是什么和不是什么更容易。因此，为了进行对比添加了第二张图像（图 7.6）。将月球远侧的新图像和原来的近侧图像并列放置。添加箭头以突出月海。通过支持图像与文本交互的组合，最后形成了具有含义的幻灯片。

通过强迫你识别要点并以积极的方式将它们介绍给学生，A-E结构可以提高你的讲座质量。[①]

月球的近侧

- 总是从地球上能看到的月亮半球
- 有时被地球光线照亮
- 黑色区域含铁量高
- 最早绘制于17世纪初，早期的天文学家认为它们是水体
- 月海("海"的拉丁文)

图7.4

月球的近侧特征是月海，铁含量高的低洼地带

图7.5

① 以积极的方式阐述主题思想是从迈克尔·艾利（Michael Alley）等撰写的《演示幻灯片中的标题设计如何影响观众记忆力》文中借用的术语。

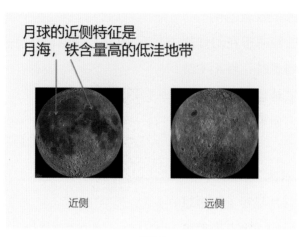

月球的近侧特征是
月海，铁含量高的低洼地带

近侧　　　　　远侧

图7.6

被误解的 A-E 结构

A-E结构可能被误解，即不能用于取得最佳效果。图7.7中关于1883年卡卡托亚（Krakatoa）火山喷发的A-E结构幻灯片，显示了一个无效的断言（提到了多个大规模效应，需要多个视觉证据才能证明）和选择不当的证据。事实上，这些岛屿的图片似乎完全证明了一些不同的断言，可能是关于火山喷发后岛屿的大小。当所选证据阐明主题思想时，断言-证据幻灯片是最有效的，这将在以下课程中详细讨论。

1883年卡卡托亚火山爆发的最终爆炸产生了巨大影响

图7.7

范例2：令人回味的图像

图7.8中显示的幻灯片使用了传统的"主题—子主题"结构。尽管幻灯片列出了泥炭沼泽的特征，并且文本解释了这些特征如何导致沼泽遗体的形成，但学生可能无法确认主题思想，并可能专注于阅读文本而不是听讲。

A-E结构改造图（图7.9）首先表达了主题思想：厌氧环境和泥炭沼泽中的单宁

酸抑制微生物生长、保存有机物质。将主题思想放在幻灯片顶部的标题区域中，并将其与说明概念的图像相匹配。

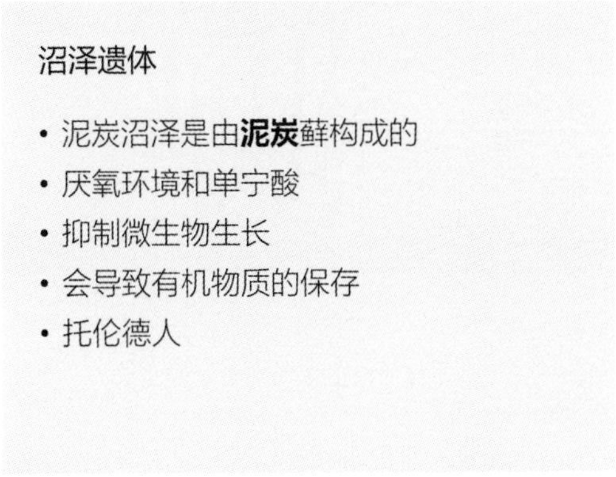

沼泽遗体

- 泥炭沼泽是由**泥炭**藓构成的
- 厌氧环境和单宁酸
- 抑制微生物生长
- 会导致有机物质的保存
- 托伦德人

图7.8

厌氧环境和泥炭沼泽中的单宁酸抑制微生物生长、保存有机物质

托伦德人，保存在泥炭沼泽中的"沼泽遗体"，公共领域。

图7.9

　　主题思想不仅仅是另一个事实，而是需要重写为断言，这是一个描述因果关系的陈述。托伦德人的照片回答了学生们的问题："沼泽遗体看起来是什么样的？"令人回味的图像比词语更好地表达了沼泽遗体可以保存得异常完好。

　　断言–证据幻灯片的成功部分取决于有效地选择强大的视觉证据以支持主题思想。这种选择取决于你的教学目标和学生的水平。例如，已经知道沼泽遗体是什么样的高阶学生可能会从不同的图形中受益，也许是展现沼泽遗体保存中起作用的厌氧行为的图形。

标记图形及其部件

　　复杂的视觉证据可能需要额外的支持，例如，采用标签来帮助解释。关于这个问题的指导，我们转向多媒体学习理论，特别是空间就近原则，它表明在图形显示中提供额外解释信息的最佳方式是在图形中尽可能接近的位置上放置标签[1]。不是提供关键词或图例（图 7.10 右图），而是直接标记图形的各个部分（图 7.10 左图）。要求学生在工作记忆中保存关键词或图例中的信息，同时将其与图形信息相匹配，将使学生的脑力资源承受负担。

---

[1] 在教与学哈佛倡议的演讲中（《基于研究的多媒体学习原则》），理查德·梅耶（Richard Mayer）列举了22项研究，这些研究显示了空间就近原则的有力证据。

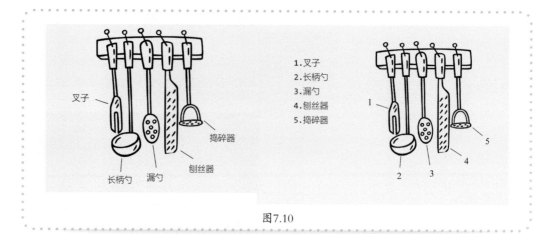

图7.10

练习

1. 重点和目的。 正如我们一直讨论的那样，每张幻灯片应该具有与功能（预览、路标、回顾）或内容相关的原因，以成为你演示文稿的一部分。打开三到四个你原来制作的幻灯片，寻找包含最多文本的幻灯片。仔细检查文本。找出你制作每张幻灯片的原因并进行记录。其中的一些可能纯粹是事务性的（例如："同学们，为周二的测验做准备！"），但其余部分应该是功能性或者内容性的。在你的演示文稿中，有多少幻灯片是功能性的？内容性的有多少？良好的幻灯片应该两者兼而有之，你应该能明确它们任何一个的目的。

2. 幻灯片改造。 虽然A-E结构能很好地适应其他情况，但是其最适合解释具有数据显示的幻灯片。回顾你现有的幻灯片，找出至少一张显示图表、图形或表格中某些数据的幻灯片，以及至少一张包含图形的幻灯片。检查你最初编写的主题（标题），它有可能被写成一个模糊的短语，要求观众总结他们关于图形显示内容的想法。请用更具描述性的方式重写这个模糊的标题。忘记你听过的关于幻灯片上字数和行数的任何指导（例如："每行不超过八个字，每张幻灯片不超过四行"）。打破基于短语的标题模式，而是撰写一个完整（但简洁）的语句。这个练习可以帮助你养成撰写断言的习惯，这些断言专注于每张幻灯片的主题思想，与此同时还显示你希望学生从这些幻灯片中记住的最重要观点。

选择辉映视效

你有没有想过在你的幻灯片上添加装饰元素，因为你担心不这样做它们看起来很无聊？不要这样操作。尽管认为添加装饰元素有助于吸引学生注意力的想法可能很诱人，但装饰却具有相反的效果。如前面课程中所述，你的幻灯片旨在用作支持你演讲的视觉辅助。当你添加装饰元素时，你实际上会让学生对幻灯片上的重要信息分心，更糟糕的是，对你的演讲分心。因此，视觉和媒体的选择是一种至关重要的视觉素养技能。在本节课中，我们将讨论如何识别和消除装饰，以及如何选择图形来辉映你讲座中所说的重点。在本节课结束时，你将对视觉和语言信息的相互作用有更深入的理解，并能够创建视觉和语言信息相互呼应的演讲幻灯片。我希望你能更有信心——你的幻灯片内容可以不用装饰而独立存在。

辉映而非装饰的视觉处理

许多研究表明，装饰图形会干扰学习，关于多媒体学习理论的一致性原则的文献也表述了这种现象。[1]当装饰存在时，学生除了内容还会注意装饰，并试图弄清楚关键信息的位置。那些看似无害的、你放在重文本幻灯片上用来活跃气氛的剪贴画，实际上分散了学生的注意力。此外，装饰很难做得很好，并会让你的幻灯片显得非常业余。

一个同样糟糕的想法是，你认为幻灯片看起来空旷所以添加图形。请记住，留

---

[1] 参见《剑桥多媒体学习手册》——特别是第12章"多媒体学习中的减少无关过程原则：一致性、信号、重复、空间就近和时间就近"——几十年来多媒体学习方面吸引细节效果的研究总结。

白区域是你良好设计的秘密武器。

实际上吸引学生注意的是对内容的真正兴趣——通过聆听你（专家）的演讲。当你对你的主题充满热情时，当你愿意与学生分享你发现该主题如此有趣的原因时，当你以适当的节奏通过有组织的方式展示材料并提供大量互动机会时，你的学生将会集中注意力。

如何发现装饰

这里有一个简单的测试，用于确定文本、图像、线条和形状是否充当装饰：清晰地表达图像的元目的。例如，"此图表支持该幻灯片的主要断言，即显示传统毛利乐器的主要分类"或者"此箭头将注意力转到人脑中视觉皮层的V4区域，该区域感知色彩和形状"。

如果你无法表达为教与学服务的明确目标，那么该元素可能起到了装饰作用，应予以删除。

机构徽标

你的机构营销部门可能为你提供了幻灯片模板，其中机构徽标显示在每张幻灯片的底部。机构徽标是另一种形式的装饰。

我鼓励你崇尚学术自由，并使用空白模板，该模板仅在演示文稿的首页和末页幻灯片上显示你的机构徽标。你的学生不需要被提醒他们所上的学校。即使你在一个会议上发言，在首页和末页幻灯片上显示你的机构徽标应该足以让观众记住你来自哪里。装饰，无论是品牌还是剪贴画，都会减少学生有限的注意力资源，并占用宝贵的屏幕空间。

从空白画布开始：去除主题

内建主题是幻灯片软件的一项功能，它将特定样式（色彩、字体、布局和装饰）应用于你演示文稿中的所有幻灯片。建议尽量不要使用。

主题无意中传达了一种与严肃学术演讲的内容不匹配的氛围。在图8.1的主题剪辑中，每个主题都有自己的情感氛围，且只适用于狭窄的环境。情感氛围

图8.1

很难处理好，并且它会限制你创造有效布置的能力，因为你必须在装饰周围添加内容。

对于难以阅读的文本样式，如映像、阴影或全部大写字母，主题经常产生影响无障碍相关的问题。

从演示文稿中去除所有的主题，并从空白画布开始。无论是空白主题的浅色（白色）还是深色（黑色）版本都同样有效。当你将在像会议厅这种昏暗或者很大的房间内演讲时，如果你选择黑色背景的话，对于学生来说更容易看清文字和背景的对比。重要的是你控制了演示文稿的外观和感觉，让你的创造力蓬勃发展，让你的内容成为主要事件。

赋予意义

看到并听到你在说什么，可以帮助学生以两种方式对信息进行编码。视觉效果应该作为你所说内容的证据。换句话说，视觉效果应该增强，而不是简单地复制或说明你口头传递的内容。

你正在努力寻求辉映情形——视觉和听觉之间的协同作用创造了理解时刻。

选择视觉证据是最容易失误的地方。为什么？因为我们已经习惯于看到视觉效果选择不佳的例子，并且当前的教与学文化希望演示文稿的幻灯片上包含演讲者将要演说的所有关键点。拙劣的视觉选择将导致无效的幻灯片，其无法帮助学生理解、整合和记忆信息。更糟糕的是，选择不当的视觉效果可能会让学习者完全偏离你要说的内容。

图 8.2 中的幻灯片定义了回忆的串行定位，这是一种来自认知心理学的概念，它解释了与中间项相比，人们如何更容易记住列表中的首项和末项。用于描绘这一概念的典型幻灯片设计可能包含项目符号和图片。

让我们关注此幻灯片选择的图像。据说大象有着非凡的长期记忆，而记忆正是这里所讨论的，但是这张照片是无效的选择。学生需要知道那些民间传说，以便理解教师为什么将这张图片放在幻灯片上。在这里大象图像的作用是装饰，且对于学生理解此概念不会产生有意义的贡献。

图 8.3 显示了另一种尝试。文字是一样的，但图像已经改变了。这个图像更没有用，因为它描绘的是计算机而不是人类的记忆。这张图也纯粹是装饰性的，毫无意义。学生需要花一些时间来理解图像

回忆的串行定位

- 首位和近因效应
- 清单上的项目数量很重要
- 1885年，赫尔曼·艾宾浩斯首次提出了这个概念

图8.2

回忆的串行定位

- 首位和近因效应
- 清单上的项目数量很重要
- 1885年，赫尔曼·艾宾浩斯首次提出了这个概念

图8.3

和幻灯片之间的关系，而不是关注主题思想。

图 8.4 使用互联网图像搜索"记忆"的典型结果照片，描绘了一个记忆困难的人。同样，这张图像并没有强化串行定位的概念。

图 8.5 使用的剪贴画依赖于文化理解"将绳子系在手指上帮助他们记住做某事"的概念。即使对于具有这种文化理解的学生，该图形也只是大概地唤起了"记忆"的一般概念，而不是串行定位的概念。

图 8.6 显示了看起来很科学的大脑图解。终于，这张幻灯片是在讨论人类的记忆。这张图的问题在于它描绘了大脑的各个**部分**而不是大脑的**现象**——串行定位。虽然它看起来很科学，但这个图像仅仅作为装饰使用。

让我们使用辉映图形来改造这张幻灯片。

图 8.7 不仅描述了串行定位的概念，还说明了概念的三个阶段。这个精心挑

图8.4

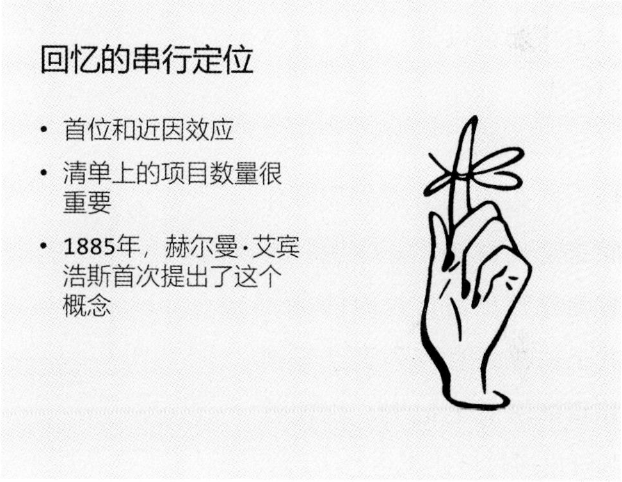

图8.5

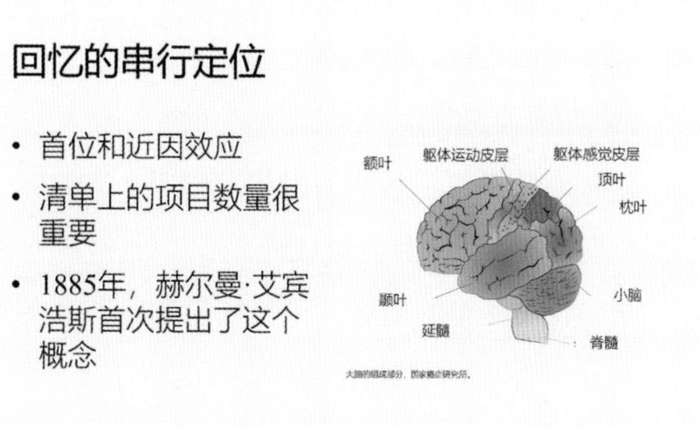

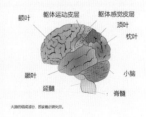

图8.6

选的图形为学生提供了一个心理结构，来了解串行定位是什么，**以及**它如何运作。因为这个图形与概念直接相关，所以学生可以更好地理解和记忆。串行定位图像现在是适当的辉映。

但是，这张幻灯片仍然包含我们试图避免的列表类型——作为教师演讲要点且不精确的短语。通过应用A－E技术可以进一步改进该幻灯片。

在改造图（图8.8）中，精心挑选的证据被放大并伴随着定义性断言。学生将更容易理解该幻灯片的信息，并记住该信息。列表已经被移到演讲者笔记中，以便教师可以通过口述表达。

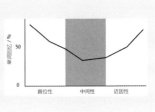

图8.7

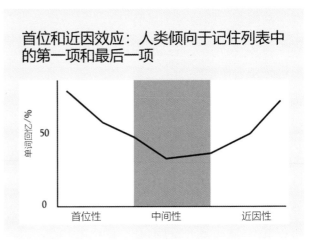

图8.8

我想通过上述内容展示人们在选择效果时最容易出错的地方，使你能够刻意地选择图形和视频片段，以便它们与你的信息相互依存，而不是装饰性或者多余的。

辉映的改造图

实现辉映图形的挑战有时候可能是：幻灯片主题似乎不适合图形化处理。通过幻灯片表示理论尤其具有挑战性。

请看图8.9中的幻灯片，其摘自动物行为的讲座。幻灯片设计师介绍了孝顺印记的概念，并展示了提出这一概念的科学家康拉德·劳伦兹（Konrad Lorenz）的照片。

选择科学家的照片作为幻灯片的视觉效果在某种程度上是可以理解的。使用人物照片比找出可视化描绘理论方面的最佳方式更容易。然而，这张幻灯片的主题思想是理论，而不是科学家，观看科学家的照片并没有强化孝顺印记的概念。这个图像目前是用作装饰。

我们来看看图8.10中的改造图。

这张照片通过鸭子的行为说明了孝顺印记，鸭子们紧紧跟随科学家——它们认为科学家是它们的母亲（并且恰好是劳伦兹博士的照片）。图像阐明了孝顺印记的概念。学生将更容易记住这个概念。

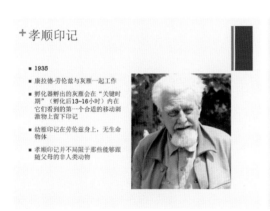

图8.9   图8.10

将自己当作编辑，并抵制在你的幻灯片上通过添加不相关或弱相关的图形填充空白区域的诱惑。你的幻灯片应仅包含必须项，以便每个可见元素都包含信息或帮助你的学生组织马上要学习的信息。

练习

1. **装饰还是非装饰**？这是另一个在日常生活中四处走动，寻找图形设计的机会。要求在专业设计的作品中（如宣传册、广告牌、名片）寻找仅作为装饰的东西。如果你在广告或其他视觉显示中发现看起来完全是装饰的东西，请仔细观察。你能找到包含该元素的另一个原因吗？很有可能，即使一看起来是装饰性的东西，它的存在也是有原因的，也许是为了引导你注意设计中最重要的部分。简而言之，设计师不会进行单纯的装饰。

2. **向纪录片节目学习**。观看几集教学或纪录片电视节目，例如Cineflix出品的

《求救：飞机空难调查系列剧》。你可以在YouTube上找到完整的剧集。请关注教学图形和动画结合叙述者声音的使用方式，以及关注幸存者访谈、计算机生成的重现模拟和其他视频的片段相互混合以创建扣人心弦的叙述方式。在观看时请思考以下这些问题。

(1) 用于交流的教学图形和动画是什么类型的信息？

(2) 教学图形和动画是否有助于观众理解配音叙述，还是仅仅是装饰性的？

(3) 从研究如何将这些教学图形用于你自己选择的合适视觉图像中，你可以学到什么？

练习2除了帮助你了解死亡率，还可以帮助你建立一种意识，即多媒体（正确使用的话）可以增强学习体验。

3. 教科书插图。找一本你最喜欢的教科书，并选择包含例如图像、图表、图形和表格的几个页面来反思，并思考以下这些问题。

(1) 图表何时用于强化通过文本表达的想法？图表如何使文本的含义更清晰、更易于理解？

(2) 与线条图相比，何时使用图像？它们如何强化文本？所有的图像或绘图都有意义吗？或者你能找到一些纯粹装饰的图吗？

(3) 当只有文字而没有图形时，文字的含义是否足够清晰？可以使用什么图形来使含义更清晰？

非列表 3：空间定位传递含义

你不需要是个艺术家，甚至不需要是一个特别有创意的人，就能通过幻灯片进行视觉交流。你只需要花一些时间来发展你的视觉空间能力。通过幻灯片上显示的形状和线条及彼此之间的位置关系，你可以传递非常多的信息。"非列表"系列最后一课的目标是帮助你发现你对视觉空间交流的了解程度，并为你在你自己的设计中利用这些工具提供一些灵感。在本节课中，你将学习布置对象及利用线条和形状来传递想法的一些技术，这可以进一步让你远离项目符号。

布置对象和形状来传递意义

由于人类视觉感知的承受力和人类作为符号思想者和意义制造者的进化，通过在幻灯片上排列简单的形状和线条，可以传达成千上万的概念和想法。以下是幻灯片上图形排列可以进行交流的一些内容。

(1) **层次结构**。什么是最重要的？什么是最不重要的？

(2) **关系**。什么属于什么？包括什么？排除什么？

(3) **过程或顺序**。首先是什么？步骤是什么？

(4) **异常**。典型的情景或状态是什么？什么可能看起来不同或出错？

学生将把他们自己的"模式发现"和"意义形成"的过程应用于传入的信息。他们从你的视觉效果中汲取的意义也会受到他们对该主题的先验知识，他们的视觉素养水平、文化背景，甚至他们在讲座当天情绪的影响。作为专家，你的工作是找到最好的设计，帮助他们选择、组织和整合新信息——多媒体学习中的三个关键编码过程（参阅第2课）。

让我们来看看你可以通过定位来传达意义的一些技术。你可能会发现你已经直观地知道并理解了大部分内容。

使用 SmartArt 进行设计

一些概念和关系可能看起来太抽象，无法直观地呈现，但是PowerPoint的SmartArt工具可以为你提供灵感，帮助你构建此类图形并利用空间定位进行沟通（在撰写本书时，Keynote、LibreOffice Impress或Google Slides中还不存在与该强大工具类似的功能，但存在可以实现类似效果的第三方工具）。SmartArt还提供屏幕提示以帮助你选择最适合内容的图形类型，你只需要输入自己的文字和图片即可。当你完成使用SmartArt生成助手之后，可以将图形转换成形状，并进行其他样式的自定义。

图 9.1 仅描述了SmartArt可以帮助你展示的部分关系类型：相反概念、循环、层次结构和流程。注意在这些布置中，每个简单形状的定位如何用于传达更广泛的概念。要想熟练掌握 SmartArt，可能需要做一些实验，它将为表达和传递你的想法开辟新的可能性。

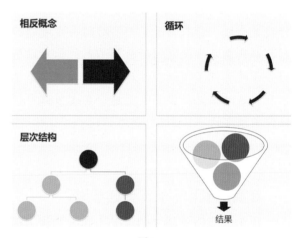

图9.1

当你决定演示文稿上的图形采用一致风格时，你的幻灯片将更具凝聚力（因此更专业）。在此语境中，样式指的是构成形状外观的表面特征。我们来看一些例子。请观察图 9.2 左右两侧图形之间的差异。两个图形都由相同的形状和空

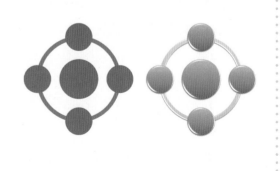

图9.2

间排列组成。然而，左图具有扁平风格，右图看起来像滴落纸面的墨水。相比之下，右图具有棱台和发光效果，使其具有 3D 外观，就像胶水倒在无孔表面上一样。注意不同的表面特征如何创建独特的视觉效果。比较两个图形，这种差异可能会感觉微不足道，但在整个演示文稿中，多种风格的使用将使其看起来像个大杂烩。

图 9.3 中的上排图片用四种不同的方法来表示心形，而下排展示了不同风格的红酒杯。

你会如何根据图形风格将各种葡萄酒与各种心形相匹配？完成此练习需要你超越物体的形状和含义，并专注于表面特征——线条的粗细、形状的均匀性和不均匀性、阴影和 3D 效果。

图9.3

通过更加了解表面特征将帮助你选择一致的图形，这可以产生更具凝聚力的演示文稿。花时间表达图形风格可以节省你的时间，你将在多种选择中缩小选择范围。

线条

线条很细但很强大。眼睛喜欢跟随线条。确保学生的眼睛跟随特定路径的一种可靠方法就是绘制一条线，因为我们忍不住想看到线条指向哪里，我们的眼睛也试图从线条中寻找意义。在幻灯片中使用线条要小心，因为它们可能会无意中破坏设计流程或者传递了项目之间的错误分割。例如，在形状之间绘制的线条会将其分组。这就是为什么用横线分开幻灯片标题和其他内容是个坏主意（图 9.4）。

使用线条可以显示连接或传达有关连接质量的信息。例如：实线可以表明两个形状之间的强连接，而虚线可能表示较弱或临时的连接（图 9.5），锯齿状线条可能暗示物品之间的紧张或脆弱关系。

蚊帐上应用的杀虫剂也可用作

1. 利什曼病
2. 日本脑炎
3. 淋巴丝虫病
4. 恰加斯病
5. 头虱和臭虫
6. 以上所有
7. 以上皆非

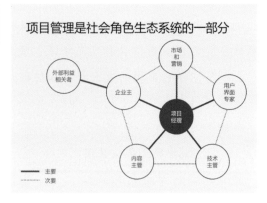

图9.4　　　　　　　　　　　　　　　　图9.5

　　线条也可以传递故事、进展或路径。图9.6显示了一条线如何引导眼睛完成了一个过程。

　　以水平线显示的形式表示连续的状态（图9.7）、时间轴（图10.12）或者标尺（图9.8）。扁平线条会产生稳定感，而上升或下降的线条则表示增加、减少或其他

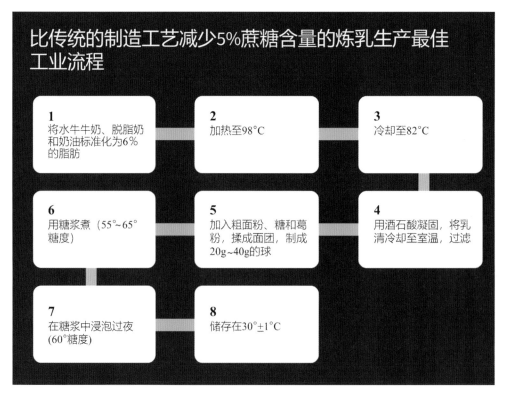

图9.6

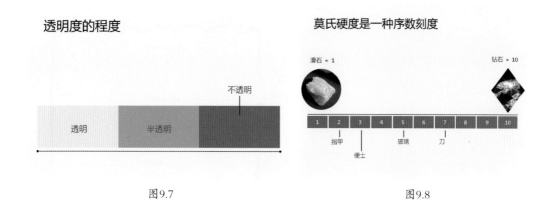

图9.7　　　　　　　　　　　　　　　　　　图9.8

不稳定状态。

　　线条也具有特定学科的含义。在电气工程学科图表中使用的线条可能与此处讨论的线条具有不同的含义。在你的学科中如何使用线条？你如何使用它们来传递主题中的复杂观点？

形状

　　我们将闭合或近似闭合的线条视为形状。形状在视觉交流中非常有用，不仅包括它们包含或者围起来的东西，还包括它们排除的东西（图9.9）。

　　形状，例如云形标注、箭头和心形，具有文化或语境赋予的象征意义（图9.10）。你要做好心理准备，并非所有的学生都具备视觉素养，能够在特定信息的背景下理解这些形状的重要性。由于内容要具有无障碍性和可用性，你应该在演讲期间讨论你的设计，以解释其安排和意义。

图9.9　　　　　　　　　　　　　　　　　　图9.10

形状和情感

你可以根据上下文语境，以刻意的方式使用形状来传递感情或品质，无论是积极的还是消极的，如图9.11所示。

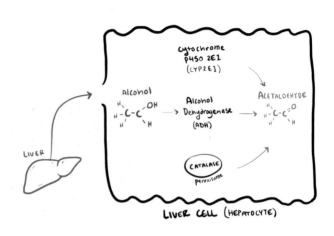

由于视觉语气中微妙而明显的效果，即使是使用所有圆形或所有带棱角形状的简单决定，也会对幻灯片设计的整体体验产生影响。

使用强烈的形状对比

形状之间的大小对比可以用来显示哪个更重要、更有影响力，或者作为比较的一部分，哪个代

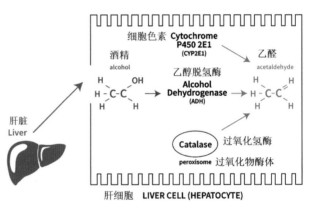

图9.11

表更大的数量。如果你需要学生能够辨别两个区域之间的差异，请确保形状的特征足够不同。可以使其中一个非常大，而另一个足够小。在无法控制尺寸的情况下，请添加不同的纹理或图案以帮助区分。应使区分差异尽可能简单。

格式塔原则

奥地利和德国心理学家在 19 世纪晚期首次描述了格式塔理论，告诉我们如何理解视觉信息。目前，这些现象在神经科学领域已得到证实。格式塔原则展示了如何通过彼此相邻或相隔很远的物体放置来创造意义。其虽然有八个、十个或十二个原则（正在统计），但是对日常视觉交流任务特别有用的两个原则是接近度和相似度。

接近度

彼此靠近放置的物体表示它们属于同一类别或集合。出于同样的原因，与该组分开的物体被认为是不同的。尽管图 9.12 中每种类型的犬都用不同的颜色来表示，但我们能够自然地感知它们的关系，大白熊犬、圣伯纳犬和拉布拉多犬彼此之间存在着共同点，因此从犬类区分视角来看，它们属于同一类别。

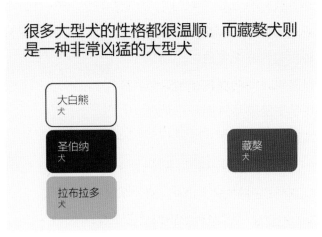

图9.12

在图 9.13 中，代表生物群落类型的文本和图像放置在全球典型国家附近（图片和国家名称放在一起表示接近度）。

例如，学生可以立即从这张幻灯片中感知到

图9.13

针叶林生物群落通常位于俄罗斯。接近度是人类感知体验中不可或缺的一部分，而你可能一直都在使用它。现在你已经了解了这个概念，可以策略性地使用它。

相似度

看起来共享表面特征的项目（例如相同的大小、形状或颜色）可能被视为彼此相关，这就是格式塔原则中的相似度。出于同样的原因，不同的项目很可能被认为是不相关的。在图 9.14 中，它提供了一个常见犬种的列表，其中大型犬种使用一个颜色块来标识。学生将会发现大型犬种是同一群体的一部分，即使该群体的成员并非彼此靠近。

当依靠相似性原则来传达相关性或无关性时，请确保两组之间的对比强烈，以便学生能够尽可能轻松地感知差异。

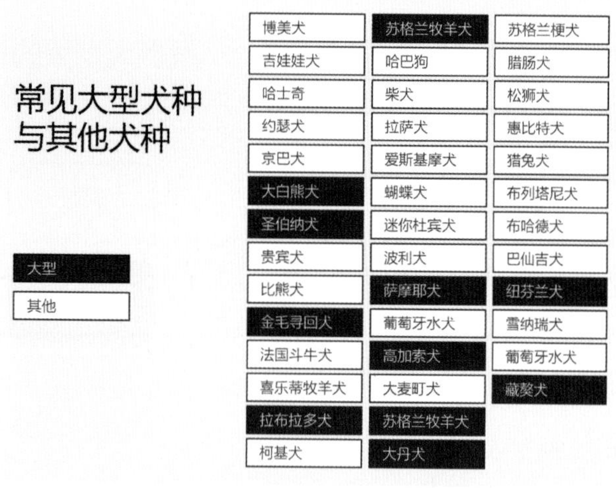

常见大型犬种
与其他犬种

大型
其他

博美犬	苏格兰牧羊犬	苏格兰梗犬
吉娃娃犬	哈巴狗	腊肠犬
哈士奇	柴犬	松狮犬
约瑟犬	拉萨犬	惠比特犬
京巴犬	爱斯基摩犬	猎兔犬
大白熊犬	蝴蝶犬	布列塔尼犬
圣伯纳犬	迷你杜宾犬	布哈德犬
贵宾犬	波利犬	巴仙吉犬
比熊犬	萨摩耶犬	纽芬兰犬
金毛寻回犬	葡萄牙水犬	雪纳瑞犬
法国斗牛犬	高加索犬	葡萄牙水犬
喜乐蒂牧羊犬	大麦町犬	藏獒犬
拉布拉多犬	苏格兰牧羊犬	
柯基犬	大丹犬	

图9.14

练习

1. **格式塔图像搜索**。本节课的重点在于向你展示一些你已经拥有的视觉认识，并为你在幻灯片上替代项目符号而做的其他事情提供灵感。将格式塔主题工作的主体变成有趣的视觉研究，可以帮助你提高对上千种巧妙设计的洞察力。花一些时间在互联网上搜索格式塔原则，如上所述，它们比仅在这里讨论的包含更多内容。你将在各种图形设计中看到格式塔原则。当你开始越来越多地注意到它们时，给自己做个小测验，看看能否可以说出起作用原理的名字。如果情绪打动你，请将一些你喜欢的收藏在视觉日志中。

2. **进行斜视测试**。撰写《设计高级演讲》的安德鲁·阿贝拉（Andrew Abela）博士提供免费下载一套有用的50张幻灯片布局，来通过他所谓的"斜视测试"。截至本书撰写时，该布局可以在www.powerframeworks.com/squint-test上找到。这个想法与我们一直在讨论的内容相同：学生应该能够在阅读文字之前弄清楚幻灯片的信息；他们应该通过幻灯片上元素的定位来获得概念和关系的线索。去看看斜视测试设计吧。你能从这个系列中得到什么灵感？哪些可能对你教学的概念有用？

布局和构图

在第 9 课中，我们探讨了选择和排列简单形状及线条来传递复杂想法的方式。本节课拓宽了该话题，深入研究布局和构图，以及当你不仅考虑幻灯片上各元素之间的关系，还将幻灯片画布当作一个整体时，你所拥有的额外的意义制造机会。虽然布局和构图有时可以互换使用，但在本节课的语境中明确定义这些术语是有实际意义的。这里的布局是一个功能性术语，指的是幻灯片软件的工作方式。另外，构图是艺术和设计中的复杂概念，与如何在画布上定位元素有关。构图对观众的感知体验和设计的理解都有影响。本节课汇集了这两个论述的概念，以便为回答问题提供实用指导：如何安排图形、形状和文本？在本节课结束时，关于幻灯片画布上的元素在何处布置，你将能够做出更合理且不随意的决策。

布局和构图影响意义的三种方式

在本节课中，术语**布局和构图**是不可以互换使用的。大部分强大的幻灯片软件包含预定义的布局，以帮助你在幻灯片上放置内容，你应当尽可能使用这些布局，而不是使用文本框来添加内容。

布局和构图影响意义的方式之一是通过控制内容的位置和视觉外观，以帮助你建立一致性和凝聚力。如前所述，一致性和凝聚力支持学生从幻灯片中学习的能力，因为他们可以预测信息即将显示的方式。

布局和构图影响意义的第二种方式是通过层次结构。构图中元素的层次结构影响设计的哪个部分吸引观众的注意力？你可以通过两种方式控制学生对设计的感知方式：通过留意物体的质量；通过物体在幻灯片上的放置位置。关于质量，我谈论的是它们多大、多小、多粗或多亮。图形设计师将这种现象称为视觉层次结构。

幻灯片画布上元素的位置会影响观众从构图中获取的含义。将一个物体放在画布的左侧或右侧、顶部或底部、中心或边缘，这意味着什么？某些文化定义的默契是构图决策的基础。即使学生没有完全意识到这些默契，但是当你对这些含义有所察觉时，就会提高设计的复杂性和有效性。[①]

常见的构图问题

以下几张幻灯片展示了几个常见的构图问题。

图 10.1 没有显示眼睛的观察起始点。

图 10.2 没有焦点。实际上，它有几个不同的元素在竞争焦点。

图 10.3 呈现信息的方式与广泛理解的规范相冲突（向后运动，而不是向前）。

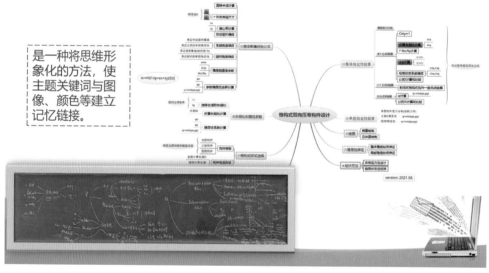

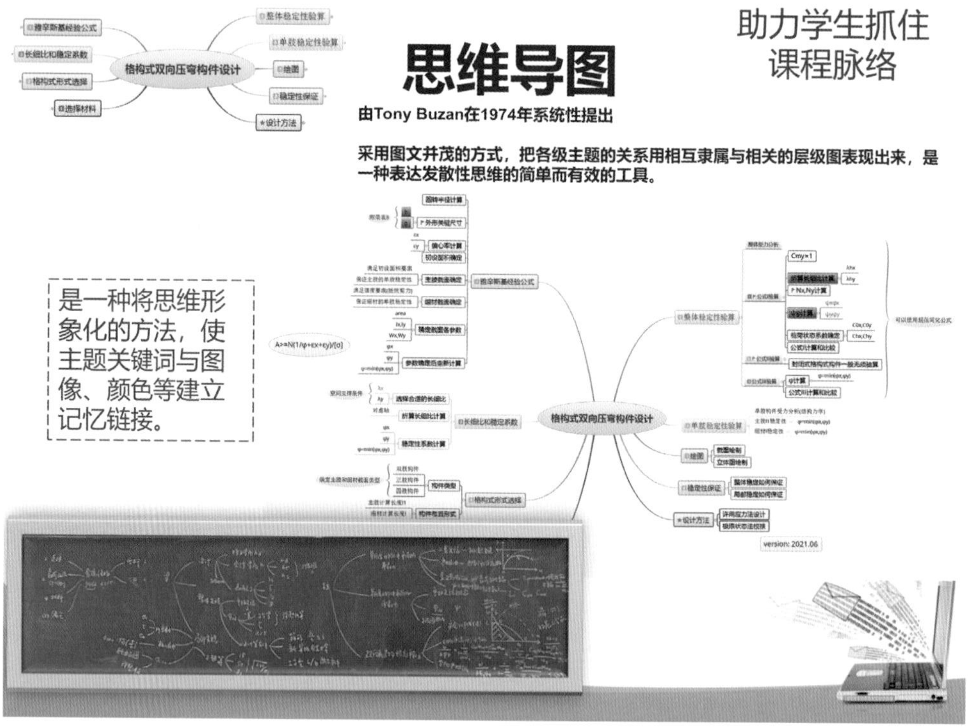

图10.1

① 本节课的框架，特别是与对象位置相关的信息价值的讨论，受到以下启发：冈瑟·克雷斯（Gunther Kress）和 西奥·范·吕文（Theo van Leeuwen）的工作及他们在《阅读图像：视觉设计的语法》中提出的构图框架，同时还有艾米莉亚·卓诺夫（Emilia Djonov）、西奥·范·吕文在《网格和组合之间：PowerPoint设计和使用中的布局》中关于布局作为意义制造资源的研究。这些著作中的想法与幻灯片软件的功能性和无障碍性集合在一起，以帮助你在日常的幻灯片设计中应用它们。

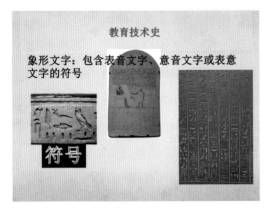

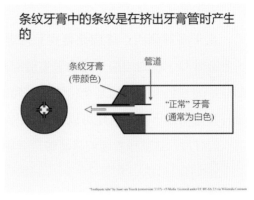

图10.2　　　　　　　　　　　　　　　　图10.3

这些构图问题使学生难以弄清楚幻灯片在告诉他们什么，也意味着他们需要更长时间才能将注意力转回给你。你需要学会认识和评估设计的整体效果，以便识别和纠正你构图中出现的类似错误。

所有这些问题都可以通过洞察力和意向性来解决。

使用预定义布局向幻灯片增加内容

你可以使用幻灯片软件的布局功能来解决许多构图问题。

布局由内容占位符组成，你可以在其中放置标题文本、正文文本或图形。占位符与使用文本框工具手动创建的文本框不同；相反，它们是具有独特属性的内容容器，并告诉软件如何显示你放入其中的信息。占位符只能在幻灯片母版中进行更改。

所有主流的幻灯片应用程序都包含一系列布局。图 10.4 显示了 PowerPoint 中可用的默认布局选项。

图10.4

布局建立结构

出于多种原因，你应该使用布局替代手动创建的文本框。首先，布局创建了一个微妙和一致的结构，帮助学生适应幻灯片的页面。例如，标题始终位于顶部，幻灯片编号位于底部的某个位置。布局也有助于学生寻找路径，节标题幻灯片看起来与其他布局不同，因此可以立即与内容幻灯片区分开来。一致性有助于学生"学习"幻灯片，这意味着他们将能够预测你通常如何处理图像引用、参考文献等。

布局保证切入点

布局可以确保可预测的模式，帮助学生了解幻灯片设计。当我们看幻灯片时，我们自然地希望遵循Z形图案，如图 10.5 所示[1]。这种自然趋势提供了一个令人信服的理由，来确保你的大多数幻灯片在左上角包含简短的描述性文字。

再次细致地思考图 10.1 中的构图问题。这种设计的问题在于不清楚该首先看哪里。占据中心的图形最大，所以它首先引人注目，但它看起来很复杂，而且你的学生需要一些帮助来理解这张思维导图。他们往下看会发现一个同样复杂的手绘

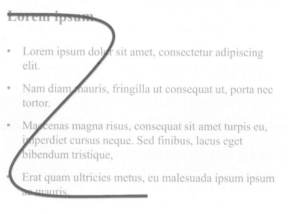

图10.5

思维导图。在寻找更多线索时，他们的目光会向左上角移动，但会发现一个无用的元素。沿着幻灯片的顶部移动，遵循自然 Z 模式，他们将找到几行文本和一个文本块。经过大量的搜索，他们仍然难以辨别这张幻灯片的重点。让我们用预定义的标题和内容布局重做这张幻灯片（图 10.6）。

现在好多了。易于进入的设计意味着学生将顺利进入，获得重点，并尽快将他们的注意力转回给你。

---

① Lorem ipsum，中文又称"乱数假文"，是指一篇常用于排版设计领域的拉丁文文章，主要的目的为测试文章或文字在不同字形、板型下看起来的效果。（译者注）

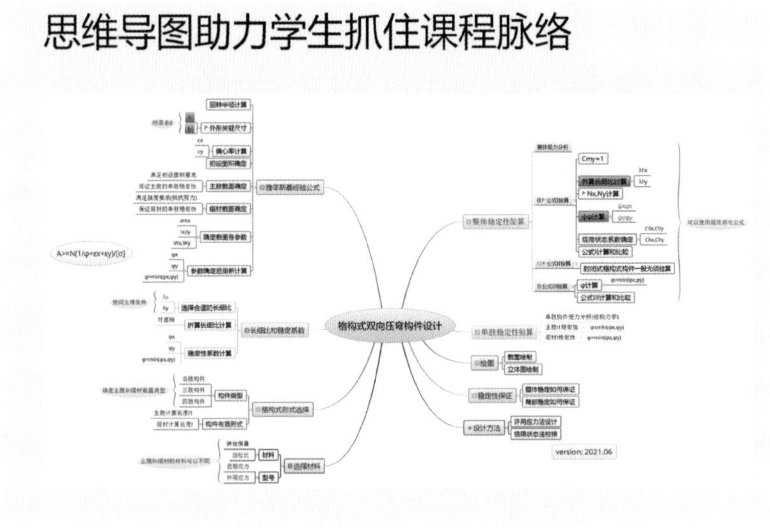

思维导图助力学生抓住课程脉络

图10.6

布局概述工作流程

使用预定义的布局不仅可以产生更加一致且可预测的视觉结构，还可以让你的工作更轻松。如果你想要更改演示文稿中每张幻灯片的字体，你可以对幻灯片母版中的占位符进行格式更改，这将自动对演示文稿中的每张幻灯片进行更改。

布局与其他应用程序"对话"

对于高级用户和教学设计者，预定义布局管理幻灯片之外的其他功能。例如，占位符文本可以使演讲幻灯片更容易地转换为在线学习模块。标题占位符中捕获的文本将作为 Adobe Captivate 或 Articulate Storyline 等在线学习创作应用程序中的目录条目导入。当每张幻灯片都具有唯一的标题时，它将有助于在网页嵌入式Google Slides演讲中创建导航机制，并可以像目录一样工作，如图 10.7 左下角所示。

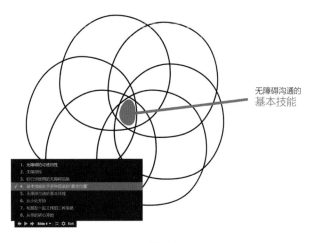

无障碍沟通的
基本技能

图10.7

布局更加无障碍

最后，屏幕阅读器可以更轻松地访问通过预定义布局输入的信息，但正如我所说，本书并不推荐分发演示文稿文件（参阅第 4 课）。

控制视觉层次结构

视觉层次结构是指眼睛观察和注意设计中各个元素的顺序，人们会注意那些巨大、粗体、明亮和动态的东西。你可以通过利用视觉感知的生物学来控制幻灯片的视觉层次结构，但首先你需要确定哪些元素应该更大、更粗、更亮。这是设计和信息的交集：通常，你希望首先将学生的注意力吸引到最重要的信息上——让其成为焦点，这是设计中最受关注的部分。然后通过使其他元素更小、更细、更暗，在视觉上淡化从属信息。这是为什么你必须刻意地表达每张幻灯片的沟通目标的一个原因。

再看一遍图 10.2。具有这么多不同图像的主要问题在于，这种排列方式既没有明确的切入点，也没有围绕幻灯片的明确路径。回想一下，漂亮和功能性设计是简单、清晰和一致，如果幻灯片缺乏清晰的切入点或可预测的视觉路径，就不会以这种方式被感知。

通常，控制层次结构的最简单方法是使最重要的项目成为最大、最粗、最深或最亮的项目。你只需要其中一种方法即可完成工作。在改造图中（图 10.8），我确定了幻灯片的主题思想——象形文字可以解释为表音文字、意音文字或表意文字的符号。主要内容的观点有助于影响设计决策，以显示一组象形文字的上下文，放大一些象形文字进行仔细考察。借助于使其最大，我使"放大"成为焦点。重要的是：首先要确定什么需要清晰展示；没有必要陷入困境来猜测什么内容是学生第二、第三和第四看的。

在本书中展示的每一个改造图中，都有一个与内容相互关联的清晰路径让眼睛跟随。

图10.8

构图中的信息价值

思考一下你对图 10.9 设计的理解。当你将一个大型物体放置在幻灯片的中心时，你正在传递的信息不仅是该物体的重要性，还包括围绕它的其他物体相对较低的重要性。当你有许多项目需要在幻灯片上排列时，此原则可以帮助你组织内容。

图10.9

在幻灯片画布上放置元素可以影响学生对信息含义的理解，即使是微妙的，即使他们也不一定能够清晰地表达它。

使用什么布局?

对于大多数学术幻灯片设计任务，基本的五个布局就足够了：标题幻灯片、仅标题、空白、节标题和强调。强调布局是一张空白幻灯片，带有一个大文本的占位符，可用于基于文本的处理（第 5 课）或节标题。Google Slides有一个名为"要点"的类似布局，也可以用作强调。如果你使用的是PowerPoint、Keynote或LibreOffice Impress，则需要使用幻灯片母版将其构建为自定义布局。

标题和内容布局之前已经隐含在传统的"主题—子主题"幻灯片设计的基本无效性的讨论中，尽管每种布局都有其用途，特别是当你有明确的理由使用项目符号时（参阅第 14 课）。当你打算在构图中有意义地使用左右极化处理时，标题和两栏内容布局非常有用。

左和右

西方观众为从左到右排列的物体赋予了特殊意义。并置两个项目建立了两个状态或两个条件之间进行比较的预期。因为我们认为事物的开始在左边，向前运动表示向右前进，所以我们期望"前"在左边而"后"在右边。同样，我们希望"原因"在左边，"结果"在右边。

此外，我们希望在左侧看到"优点"，在右侧看到"缺点"。回顾幻灯片构图的第三个问题（图10.3），它展示了牙膏如何产生条纹。图10.3使用了左右构图，但违反了对位于左侧（前）和右侧（后）的项目含义的默认理解，它预期从左往右运动。改造图（图

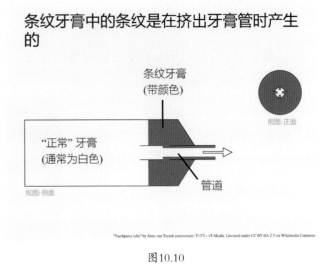

图10.10

10.10）通过翻转图形来修正了这个问题，因此挤压（开始）发生在左边，牙膏出现（结束）发生在右边。我还将整个牙膏管向左移动，并偏移牙膏管前部的大小和位置，对两个视图进行标记，以便学生一眼就能看出他们正在看什么。这样的结果是一个更清晰地传达消息的图形。

任何违反这些期望的做法可能会增加一些混乱，不管微妙与否。

垂直时间线：改造图

研究人员已经注意到，跨文化的孩子会根据水平结构自动向前或向后排序。[1]

让我们比较一下图 10.11 和图 10.12 两张幻灯片，它们都包含有关齐柏林飞艇历史的相同信息。图 10.11 以传统的方式使用项目符号。图 10.12 利用水平时间线展示了相同信息。时间线版本（图 10.12）更加赏心悦目，而且更容易进入和理解。一

图10.11

---

① 来自玛丽·赫加蒂（Mary Hegarty）的著作《视觉空间显示的认知科学：对设计的启示》。

个主要原因是事件序列通过幻灯片上的信息排列来描绘，而项目列表依赖于观众在精神上排序和安排这些时间上向前推进的信息，这会消耗更多的认知资源。

当然，本书为在你的内容中可能出现的每种类型的视觉空间关系提供示例是不可能的。在下一课中，我们将研究一些可以用于沟通目的的其他元素。

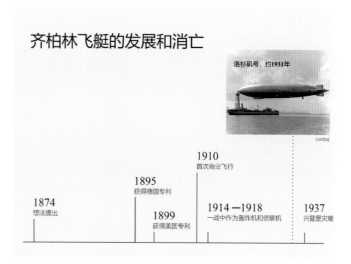

图10.12

练习

1. **通过自定义布局来赋能**。创建你自己布局的关键是在幻灯片母版中工作，使用幻灯片程序的特殊占位符字段——而不是手动创建的文本框——来为内容创建"容器"。如果你不知道如何访问幻灯片程序的幻灯片母版，或者如何将占位符字段添加到幻灯片母版，你可以通过互联网搜索轻松找到视频教程。当你完成构建后，给你的新布局命名并保存。关闭幻灯片母版并返回应用程序的设计区域。使用你创建的布局创建新的幻灯片，注意布局如何控制幻灯片内容的视觉外观和位置。

2. **构图搜索**。对20世纪中期的广告进行互联网图像搜索，如电器、化妆品、家具或者汽车。这次你将比文字更关注图像。请注意广告中产品的展示位置。你看到什么模式？当产品处于中心位置时，边缘放置了哪些元素？你可能会看到中心图像是巨大的。设计师希望你首先注意到其推广的产品，并将竞品视为少、小、次和差。

出于同样的目的，当你看到一个左右极化排列时，左边和右边描绘的状态和条件是什么？你可能总是会发现从左到右描绘的是从前到后的状态。这些内嵌的意义源于古代艺术，并且仍然巧妙地影响着今天的图像设计。思考如何使用这些技术来使你自己的设计更有效和更高效。

教与学中高效色彩的利用

色彩是一个宏大的话题，可以从生理（眼球中的视杆细胞和视锥细胞帮助我们感知颜色）或物理（构成色谱的波长）的角度来探讨。然而，本节课的讨论来自纯粹使用的观点：如何在教与学中有效地使用色彩。我们首先将讨论在整个设计过程中使用有限调色板的原因。然后，我们将讨论色彩在构图过程中的作用，特别是如何将其用于功能性而非装饰性目的。我们还将讨论避免一些常见颜色组合陷阱的方法。在本节课结束时，你将对色彩有足够的了解，可以在设计中做出有力且刻意的选择。

色彩传达意义

色彩是一种强大的沟通工具。无论我们是否认识到这一点，我们都期望颜色能够传递信息。因此，当我们看到如图 11.1 所示的幻灯片时，我们希望弄清楚主题模块与其他类似大小和形状的模块存在颜色差异的原因。学生将总是试图弄清楚幻灯片上差异的原因。如果内容没有提供一个理由，他们将花费一些精力来创造一个，而这可能不是你想要的。因此，你应该刻意地使用色彩。

为交流留用色彩，而非装饰

色彩应始终是功能性的而不是装饰性的。图11.2中的色彩是装饰性的，因为它们与演示文稿其余部分的方案无关，也未在后续的幻灯片中整理赫尔巴特教学法的各个方面。此外，它

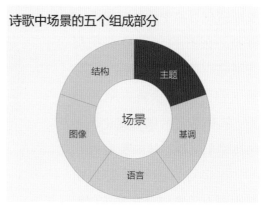

图11.1

们无助于区分步骤，因为这项工作是通过形状和它们的排列完成的。这位教师只想创造一个彩虹效果，大概是因为他觉得它看起来不错。但是该设计是令人分心的，学生会想知道颜色的重要性是什么，以及他们是否需要记住哪种颜色属于哪一步。

一些可以用色彩进行交流的想法

色彩的有效用途：引起人们对设计重要方面的关注（图 11.3）；色彩可以显示数额、数量或严重程度（图 11.4），注意最深的颜色留给最大或最多使用，而最浅的颜色用作最小或最少；使用色彩显示随时间的变化或进展；区分图表中的不同部分，或提供在行动中的视觉中断。例如，在图 11.5 由四张幻灯片组成的系列中，路标（节标题）幻灯片表示新主题的开始，提供节奏的视觉变化而不破坏演示文稿整体的凝聚力。

你也可以使用色彩来引导注意力（我们将在第 13 课

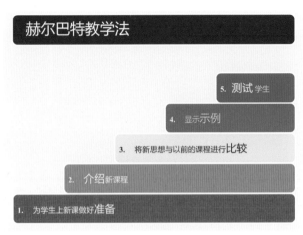

图11.2

图11.3

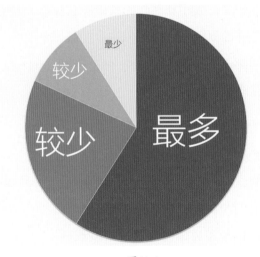

图11.4

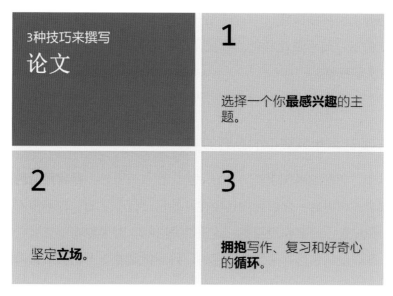

图11.5

中讨论这个问题），否则色彩可能让人不知所措，使演示文稿看上去没有凝聚力。要做出成功的色彩决策，你需要制订计划。下面我们将讨论如何建立色彩系统。

为什么需要一个色彩系统

在整本书中，我谈到了将一致性、清晰度和简洁性作为指导原则，可以帮助你在幻灯片中做出更刻意的设计决策。总体来说，单个幻灯片决策构成一个凝聚的演示文稿。选择一组颜色是一个重要的决策，是因为它可以直接影响演示文稿的凝聚力。出于这个原因，我建议将这个基本规则简单化：只选择四种颜色，并在演示文稿的每张幻灯片上坚持使用它们。

大多数日常幻灯片设计任务只需要使用四种高对比度的颜色。如果你遵循这个规划，不但不会限制你的创造力，还会让你的"教"和学生的"学"更轻松。

首先，你正在为那些视力不良，或视觉素养较弱，或恰好坐在离屏幕最远的学生创建更有功能性的幻灯片。其次，你可以释放他们更多的认知资源，因为他们只需要在演示文稿的开始一次性地了解你的色彩系统。他们不需要在每张幻灯片上分析"什么颜色意味着什么"。最后，你的演示文稿将更加统一，因此更加专业。

与此同时，你可以让你的工作更轻松。在整个设计过程中，确定一组颜色意味着你不必做出同样的决定（"该使用什么颜色"）很多次。因此，你可以更好地控制教学信息，而不是让软件为你做出决定，并随意添加颜色可以传达或混淆你想要的意义和风格。

拥有一个色彩系统可以将你和你的学生从色彩编码的双向危险中解救出来。

永远不要让学生解码你的色彩编码

初看起来，色彩编码似乎是一个好主意。你认为自己：**我将用蓝色表示这个，绿色表示那个**。两周后，你回到项目中在开始设计任务之前，却不得不搞清楚你的色彩编码。在你自己的工作流程中，这是浪费时间，对于你希望查看它们的人来说更是如此。原因是颜色选择通常是随意的，并经常需要一个图例或密码才能在以后理解它们。

你的颜色系统不应该太复杂，以防止学生需要对其进行解码才能理解它。这是一个系统，因为它旨在帮助你做出一致的决策，并将色彩用于信息携带而不是装饰，这就是只使用四种颜色的原因。

如果你确实需要对某些内容信息进行色彩编码，例如带有多个变量的柱状图，请确保图例在幻灯片上突出显示。如果需要使用色彩编码来解释多张幻灯片上显示的信息，请在每张幻灯片上标明图例。通过这些方式，你可以减少学生解码视觉效果所需的工作量，这样他们就可以将更多时间用来关注内容。

创建一个色彩系统

要有意向性地将调色板转换为功能性系统，使用色彩来帮助你传递教学信息，而不是装饰它。因此，每种颜色都应该具有指定的主要用途。

(1) 为文本选择一种纯色。

(2) 为背景选择一种纯色。

(3) 另外两种颜色用于强调。

文本和背景颜色应该是中性和不引人注目的。对于强调颜色，选择更明亮的"流行"颜色，次要强调颜色应该与其他颜色形成鲜明对比，但是比流行色更饱满而不是更明亮。这些是**主要**的预定用途，不需要保持一成不变。当你有功能上的原因时，你应该自由地切换用途。

接下来，你要确保你的颜色具有强烈的对比度。

使用强烈的色彩对比

所有的学生都可以从色彩之间的强烈对比使用中受益，因为学生不需要费力地区分幻灯片上的几种不同颜色。强烈对比意味着什么？请观察图 11.6 中色块之间的差异。左侧的色块比右侧的色块更难以区分，因为左侧的两个蓝色的色调具有较差的对比度。

颜色对比是指明暗程度的差异，当你将一种颜色放置于另一种颜色之上时，请选择一个亮色和一个暗色。最明显的对比是黑色置于白色之上，或白色置于黑色之上，但是你不必局限于这两种颜色。要真正了解你的色彩系统是否无障碍，你需要以所有可能的组合来检查它们互相对比的情况。互联网有很多工具可以提供帮助。

图11.6

利用色彩无障碍检查器测试对比度

在这里，我选择了四种颜色的系统进行测试（图 11.7）：文本为浅灰色，背景为黑色，流行颜色为洋红色，次要强调为金色。基于猜测我挑选了这些颜色，因为我知道亮色与暗色能够产生强烈的对比。

在线颜色对比检查器可以帮助我确定哪些颜色组合是无障碍的，也就是说，当它们中的一个放置于另一个之上时，它们是否有足够的对比度。四种颜色的调色板形成12种可能的组合，这些组合不可能全部有效，该工具可以帮助我确定哪些组合

图11.7

确实可用。接下来，我将需要这四种颜色的每一个相对应的计算机颜色代码或十六进制值，以便测试它们是否有足够的对比度。

查找十六进制值

在数字环境中表示的所有颜色都具有对应的数字–字母值，计算机使用这些值来确定如何显示它们。这些代码称为**十六进制**或**十六进制值**。与图 11.7 中的样本相对应的十六进制值为浅灰色：＃f2f2f2；洋红色：＃ff00ff；金色：＃faa414；黑色：＃000000。

PowerPoint以不同的表示法标记颜色值。RGB值表示每种颜色中红色、绿色和蓝色的数值（十六进制值也表示红色、绿色和蓝色的数值，用符号表示为#RRGGBB）。如果你知道要测试颜色的RGB值，就可以使用在线转换工具查找十六进制值。

除了检查颜色对比，了解你喜欢颜色的RGB值和十六进制值也很有用。如果你想在两个不同的地方使用它们——例如，要在你的课程网站和你的PowerPoint演讲中使用相同的调色板——这些值可以帮助你在两个地方重建精确的颜色。

网上有很多无障碍检查器，但我喜欢北卡罗来纳州立大学的检查器，它允许一次检查多种组合。我需要为每种颜色提供RGB值或十六进制值，因为我要将此信息输入到工具中。我对18磅或更大字号的测试结果很感兴趣，因为我通常在幻灯片上使用的文字大小超过18磅。

图 11.8 显示了对比度检查的结果。虽然这种色彩系统通过了洋红色上置于黑色和黑色上置于洋红色（如第 4 列"通过或失败"所示），但在其他的一些组合中它失败了：洋红色上置于金色，金色上置于洋红色，洋红色上置于灰色，灰色上置于洋红色。

根据这些信息，我知道我不应该使用金色上置于洋红色，甚至灰色上置于洋红色的组合。例如，使用图11.9中的这个调色板不是无障碍的。

但是，当浅灰色或黑色为背景时，这同一组色彩确实通过了所有可能的组合（图 11.10）。

根据这些信息，我可以成功地组织这些颜色，如图 11.11 所示。

我们可以从这些测试中总结出一些经验：

FF4BFC的大型非粗体文本（18磅及以上，或者显示为 1.5em高）

颜色代码	样本文字	样本文字(反色)	通过或失败	比率(通过≥3.0)
F5F5F5	Lorem ipsum	Lorem ipsum	失败	2.51
FBB131	Lorem ipsum	Lorem ipsum	失败	1.49
000000	Lorem ipsum	Lorem ipsum	通过	7.66

图11.8

图11.9

000000的大型非粗体文本（18磅及以上，或者显示为 1.5em高）

颜色代码	样本文字	样本文字(反色)	通过或失败	比率(通过≥3.0)
F5F5F5	Lorem ipsum	Lorem ipsum	通过	19.26
FF4BFC	Lorem ipsum	Lorem ipsum	通过	7.66
FBB131	Lorem ipsum	Lorem ipsum	通过	11.44

图11.10

---

① em 单位名称为相对长度单位。相对于当前对象内文本的字体尺寸，国外使用较多。

(1) 创建无障碍的调色板实际上具有挑战性。当背景不是纯色时会更难。

(2) 无障碍性取决于语境和内容，没有一种"一体适用"的色彩集合在所有情况下都适用。

(3) 最好将非常明亮的颜色置于非常暗的背景上，反之亦然。

图11.11

使用组合线索来区分带颜色信息

重申一个关键点，颜色永远不应该是传递信息的唯一手段，因为有些学生无法感知颜色所携带的信息。

在图 11.12 左侧的图表中，用于区分蛋白质和脂肪比率的两种颜色之间的对比是不足的。你可以通过向脂肪变量的显示区域添加图案样式来轻松解决这个问题，如图 11.12 右侧图表所示。

要使用颜色创建强调文本，请将粗体文本与差异颜色组合使用，或在背景中组合粗体和有色高亮框。第 13 课提供了其他方法，让文本在幻灯片上脱颖而出。

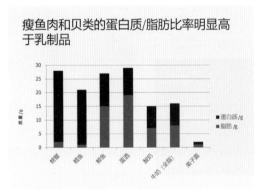

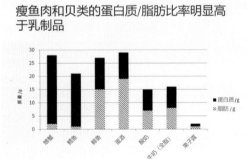

图11.12

色彩振动不是好的振动

有时，具有相似属性的颜色在并列放置或将一个放置于另一个之上时会振动（或冲突）。除了不必要的分心，色彩振动实际上可能对学生的身体产生不利影响。这是测试你色彩系统的所有组合相互对比的另一个原因，以确保它们不会发生振动。你可以通过将一种颜色的文本放置于另一种颜色的较大区域顶部来判断所选色彩系统中的颜色是否会发生振动。典型的违规者是亮橙色、亮蓝色、亮红色和亮绿色（图 11.13）。即使只是改变两种颜色之一的色调（亮度）或阴影（暗度），也可以减轻振动。

色彩渐变

色彩渐变通常用于在封闭空间内创建深度或视觉兴趣，实际上，它们是PowerPoint和Keynote中许多主题和形状的默认样式的一部分。但是，渐变可以快速地使幻灯片无法辨认。比较图 11.14中的两个形状，并注意由于文本和背景颜色之间的对比度降低，当你从左向右阅读时，渐变形状中的文本开始消失。底部形状的文本更容易阅读，因为它是纯色文本对比纯色背景。显然，你应该尽可能避免色彩渐变，因为它们很难设计好。你还有更重要的事情要做。

图11.13

图11.14

练习

1. 应用预定义调色板。幻灯片软件中的调色板可能与设计主题相关联，但是PowerPoint和Google Slide都允许你将主题和调色板分离。找一个现成的演示文稿并将其应用一些不同的调色板，每次应用一个调色板，关注软件将调色板应用于文本和形状的方式。哪种颜色用于强调，例如图表或者其他数据显示？什么颜色表示超链接？你赞成默认的颜色应用吗？颜色之间有足够的对比度吗？如果没有，在你的幻灯片软件中寻找允许你更改颜色使用方式的控件，并了解如何覆盖幻灯片软件中的默认颜色选项。

2. RGB值和十六进制值。了解在幻灯片软件中查找RGB值和十六进制值的位置。这些知识可以使你了解如何在不同应用程序和环境（基于网页和基于桌面）中使用你喜欢的颜色。

3. 创建你自己的色彩系统。你的幻灯片软件包含许多预设调色板，每个调色板包含超过大多数设计任务所需的颜色（它们在创建图表和图形时很有用）。调色板和色彩系统之间的区别在于你打算如何使用调色板中的多种颜色，因此在本练习中，你将通过不仅确定颜色还确定它们的主要用途来定义你自己的色彩系统。你还要确保色彩系统是无障碍的，也就是说，当各颜色彼此相邻显示时，将会提供强烈的对比度。

(1)选择一组四种颜色。指定每种颜色的主要用途：背景、正文、主要强调和次要强调。使用在线工具或幻灯片软件程序查找十六进制值和RGB值。

(2)使用你的色彩系统创建样本幻灯片。拍摄幻灯片的照片（将其作为JPEG或PNG文件保存在计算机上）并将其上传到色盲模拟器，以便你可以看到不同类型色盲学生所看到的样子。

(3)将十六进制值或RGB值输入在线色彩对比检查器中。哪些组合通过了？哪些组合失败了？

(4)根据通过或失败来调整你的色彩系统，然后再次测试，直到你的组合通过所有测试。你现在有一个色彩系统可以用于你的下一个演示文稿了。

4. 色彩评估。现在你已经拥有了一个色彩系统并对演示文稿中色彩的作用有了新的理解。打开一个原有的演示文稿，观察演示文稿中的配色方案。你曾经被什么颜色吸引？你是怎么使用它们的？在你的原有设计中如果使用颜色作为装饰，则用功能性色彩取代装饰色彩。你是怎么做到的？你的设计是否有了大幅度改进，或者变化不明显？你可能会发现另一种工具（色彩）可以用来刻意和有效地进行沟通。

教与学中的高效排版

你可能会问的第一个问题是：我应该在幻灯片上使用哪种字体？一个快速简单的答案——如果你不想进一步探讨这个话题——是 Verdana 或 Georgia。[①]无论你选择哪种，它们都是优秀的字体，而且它们都是现代计算机和移动设备的标准配置。然而，就像生活中的大多数事情一样，一个确定、一体适用的答案可能并不存在。仔细考察排版的复杂性将有助于你在幻灯片显示文本方面做出更明智的决策。实用和专业级排版的关键在于：**当你的观众没有注意到它时，排版是成功的**。这种情况称为**透明排版**。在本节课，我们将讨论如何实现透明排版及在解决常见排版问题时需要做出的实际决策。本节课的核心是很多**不要**：不要文本居中；不要使用全部大写字母；不要下划线；不要粗体（过分）；不要斜体；不要混合字体。如果你现在因为受到一组不必要的冗长约束而踌躇，我希望到本节课结束时你会发现它们更多的是一种解脱而不是约束。

为整个演示文稿选择一种字体

选择一种字体并在整个演示文稿中一致地使用它。这个建议的原因有很多。第一个原因是：人们会在传入的信息中寻找模式，并试图在这些已建立的模式中将差异归结为意义。注意图 12.1 中混合使用的字体[②]。

这位教师的部分学生会由于字体的差异分散注意力，想知道这些差异是否具有一定的意义，例如不同的重要性级别。当然，事实上可能只是它的创建者从几个来源进行剪切和粘贴，并且在完成时忘记将字体改为相同的字体（这会折磨课堂上的

[①] 作者推荐的是英文字体，印刷书籍的中文字体一般推荐宋体。（译者注）
[②] 确切地说，字体是计算机上存在的文件，它告诉计算机如何绘制文本。字样是设计字母集合的技术名称。但是，我会说字体而不是字样，因为大多数不是图形设计师的人会互换使用这些术语。

完美主义者）。无论如何，缺乏字体统一会导致不必要的分心，并且该效果可能使教师显得粗心或不专业。

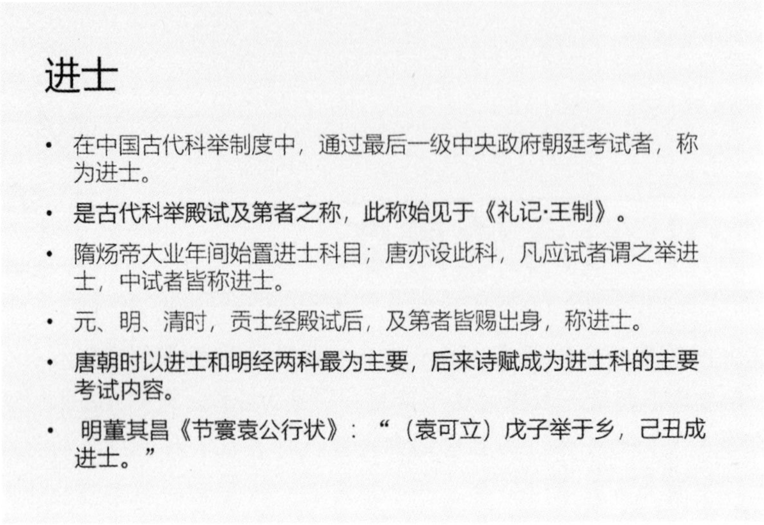

进士

- 在中国古代科举制度中，通过最后一级中央政府朝廷考试者，称为进士。
- 是古代科举殿试及第者之称，此称始见于《礼记·王制》。
- 隋炀帝大业年间始置进士科目；唐亦设此科，凡应试者谓之举进士，中试者皆称进士。
- 元、明、清时，贡士经殿试后，及第者皆赐出身，称进士。
- 唐朝时以进士和明经两科最为主要，后来诗赋成为进士科的主要考试内容。
- 明董其昌《节寰袁公行状》："（袁可立）戊子举于乡，己丑成进士。"

图12.1

选择一致字体的第二个原因是，要照顾那些有诵读困难等认知障碍的部分学生。诵读困难已经使这些学生难以阅读屏幕上的文字，而混合字体可能会为其带来更大的挑战。

第三个原因是，除了看起来显得业余，字体混合很难做好。字体很难进行混合，因为单个字母的形状及传达的情感（稍后再详细说明）在并置时并不总是能很好地融合。图形设计师需要广泛地学习排版来弄清楚这种复杂的技能。

你可能会认为至少需要一些字体来强调重要内容。我同意对比式的风格可以帮助创造强调，你可以选择相同字体族的一些成员。大多数高质量的字体都带有许多字体形式，即所谓的字体族。借由混合不同字体形式，你可以实现对比来表示不同强调，并仍获得具有凝聚力外观的演示文稿。幻灯片软件程序中的常规字体，如Times New Roman 和Arial，也有粗体、斜体，有时还有粗斜体。从字体工厂购买的用于商业图形设计工作的字体通常具有更多的形式可供选择。图 12.2 展示了Avenir 字体及其他六个字体族成员。

你不需要购买高端字体，对于日常交流，你可以有效地利用计算机上已经安装的字体。使用相同字体的不同粗细的关键在于，它们在一起总是很好看。

因为它们基于相同的字母形状，所以当它们临近使用时，看起来有凝聚力但有区别。

选择简单字体而不是显示字体

简单字体最适合教学幻灯片，在图形设计中被被称为正文字体。首先，它们易

在多个字体粗细中选择一种字体

Avenir Book

Avenir Book Oblique

Avenir Book Roman

Avenir Black

Avenir Light

Avenir Medium

Avenir Heavy

图12.2

于阅读，因为构成它们的单个字母形状是统一且可预测的。平滑的字母形状构成了如图 12.3 所示的各种简单字体。

正文字体应与显示或装饰字体区分开来，后者通常用在将特定的语气或风格应用于设计。字母的风格化形状和花边构成了图 12.4 中的显示字体。

当然，花边和不规则使得装饰字体对于在专业设计的作品中传达风格和情感非常有用。实际上，你可以通过它创建的感觉（情感或语气）来发现装饰字体。然而，除了传达一种非常不适合学术演讲的特殊情感语

Helvetica

Calibri

Times New Roman

Garamond

图12.3

气，装饰字体比简单字体更难阅读，并且可能对学生造成易读性困难。

除了易读性和可读性，选择简单字体（Calibri、Times New Roman、Helvetica、Arial等）的另一个优点是它们可能已经安装在任何计算机上。如果你在自己的计算机上使用Life Savers字体（图 12.4）编写整个演示文稿，并在演讲厅或其他教室的计算机上使用你的演示文稿，计算机将搜索Life Savers

字体，如果找不到该字体文件，将用其他字体替代，这可能破坏你用心的格式设置。只有当你使用基于桌面的软件，如PowerPoint、Keynote或LibreOffice Impress时，这才是一种危险。Google Slides保存在云端，因此你在其中使用的字体将始终可用。

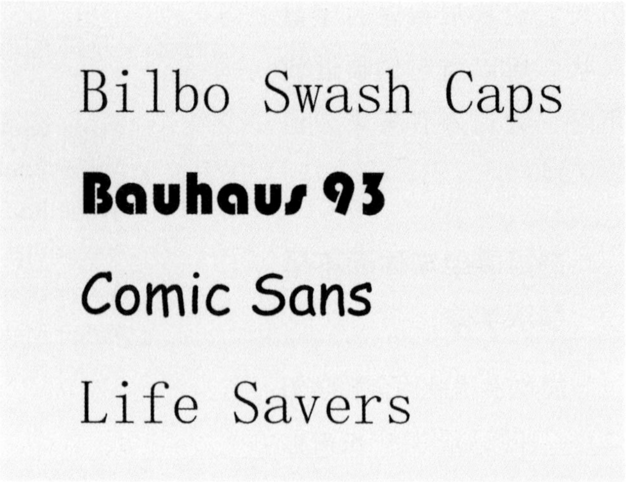

Bilbo Swash Caps

Bauhaus 93

Comic Sans

Life Savers

图12.4

我希望你现在相信最好为你的演示文稿选择一种简单字体。在这些经过验证、确定后的简单字体中，单个字母的平滑、可预测形状使其透明（即易于阅读和情感中立），因此是教与学环境中的最佳选择。

这将我们带到下一个合乎逻辑的问题：你应该使用哪个字体族？

要使用哪个字体族？

正如我在本节课的介绍中提到的，对这个问题的一个确定、快速的答案是：如果你喜欢无衬线字体，就使用Verdana，如果你喜欢衬线字体，则使用Georgia。

衬线是指出现在字母笔画终点上的装饰性小"帽子"。常见的衬线字体是Times New Roman和Garamond。无衬线字体，如Aria l和Helvetica，没有这些装饰性帽子。你可能听说过应该为幻灯片演讲选择无衬线字体，这个建议是二三十年前的规则，当时台式机和笔记本计算机的屏幕分辨率都很差，这使得观众很难辨认字母末端的衬线。现在，屏幕分辨率清晰明了，你通常可以自由选择任何你最喜欢的正文字体，无论是衬线还是无衬线字体。

Verdana和Georgia都是正文字体，开发用于在屏幕上阅读。两者都有我前面提到的四种字体形式：常规、斜体、粗体和粗斜体。两者基本上都是透明的，因为它们不会自己引起明显的情绪。然而，一些证据表明，对于患有诵读困难的人和使用小屏幕移动设备阅读的人来说，无衬线字体更容易阅读。考虑到这两个使用场景，Verdana 可能会胜过 Georgia，但其他简单的无衬线字体也很好用。

强调排版技术

文本在幻灯片上具有两个功能：讲述信息和显示信息中的重点。本书将详细地介绍如何从视觉上显示重要信息。规则是：不要仅依靠颜色或仅依靠字体粗细来表示强调。

有视力障碍的学生将难以区分颜色，他们可能会错过所有重点。在一行文本中创建强调的最佳方法是组合使用对比的字体粗细和颜色，如图 12.5 所示。

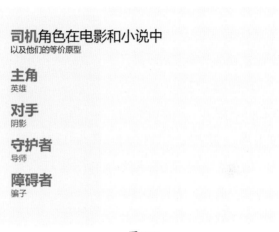

图12.5

用于强调的最差技术是下划线、斜体字，以及使用阴影、文本轮廓或幻灯片软件提供的任何其他非标准的文本格式化选项。

不要下划线

在数字时代，带下划线的文本被假定为超链接。因此，保留下划线仅当你真的显示超链接时。点击后没有指向任何地方的下划线文本看起来像个错误——一个失效的链接。

不要斜体字

斜体字很难阅读，尤其是大量的斜体字，特别是对于有阅读困难的学生。斜体字也可以与其他语义内涵混淆，例如外语单词或分类学等级。一些学术风格指南，如现代语言协会（MLA），规定书籍标题应该用斜体字表示。在这些特定情况下保留斜体，而不是将其用作强调重要材料。

不要使用阴影、文本轮廓或其他非标准文本格式

阴影（图 12.6 中的文本）、文本轮廓或其他非标准文本格式可能会干扰

文本的易读性，尤其是对于屏幕文本。如果你的学生不得不费力地阅读幻灯片上的文字，那么透明排版是不会发生的。

图12.6所示的幻灯片试图将印象画派与现实画派/自然画派的定义进行对比。

从内容的角度来看，这张幻灯片包含了太多的观点。从空间的角度来看，这张幻灯片文本太多，留白区域不足。从颜色的角度来看，其背景中的渐变使文本在顶部呈现亮白色，渐变成底部灰色，从而产生不受欢迎的文本滚动效果，让人联想起《星球大战》电影的开场序幕。从排版的角度来看，正文文本难以阅读，因为它使用了阴影和黑色轮廓。此外，下划线引导学生认为这两个标题是超链接。学生可能会问：**这些链接指向哪里？如果我不点击它们，我会遗漏一些东西吗**？

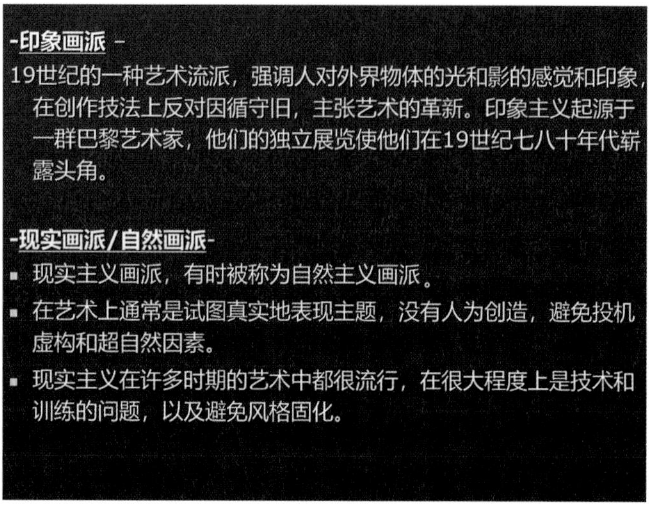

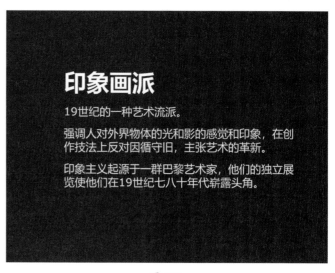

图12.6

在改造图中（图12.7），我通过删除两个定义中的一个，来解决内容过载问题，使得这张幻灯片只有一个工作要做，即定义印象画派。我用纯色背景替换了彩色渐变。然后我使用大小和字体粗细的对比组合来增加文本在传达定义时的有效性（我将用第二张幻灯片创建现实画派/自然画派定义的幻灯片）。

图12.7

使用强烈字体对比

罗宾·威廉姆斯（Robin Williams）在她的经典著作（强烈推荐）《写给大家看的设计书》中说，对比不仅仅为了作品的美学外观，它与页面上信息的组织结构和清晰度有着内在的联系。永远不要忘了你的重点是沟通，这对强调排版而言尤其适用。但是，并非所有的字体都是平等创建的，有些字体比其他字体有更强的对比度。现实画派/自然画派定义幻灯片在图 12.8中以两种方式进行展示。图 12.8 中上部例子使用的Verdana字体与图 12.7 中的幻灯片相同，但是混合了 22 磅和 28 磅字号和粗体来强调最重要的单词。底部示例使用 Adobe Caslon Pro 字体完成了所有相同的操作。

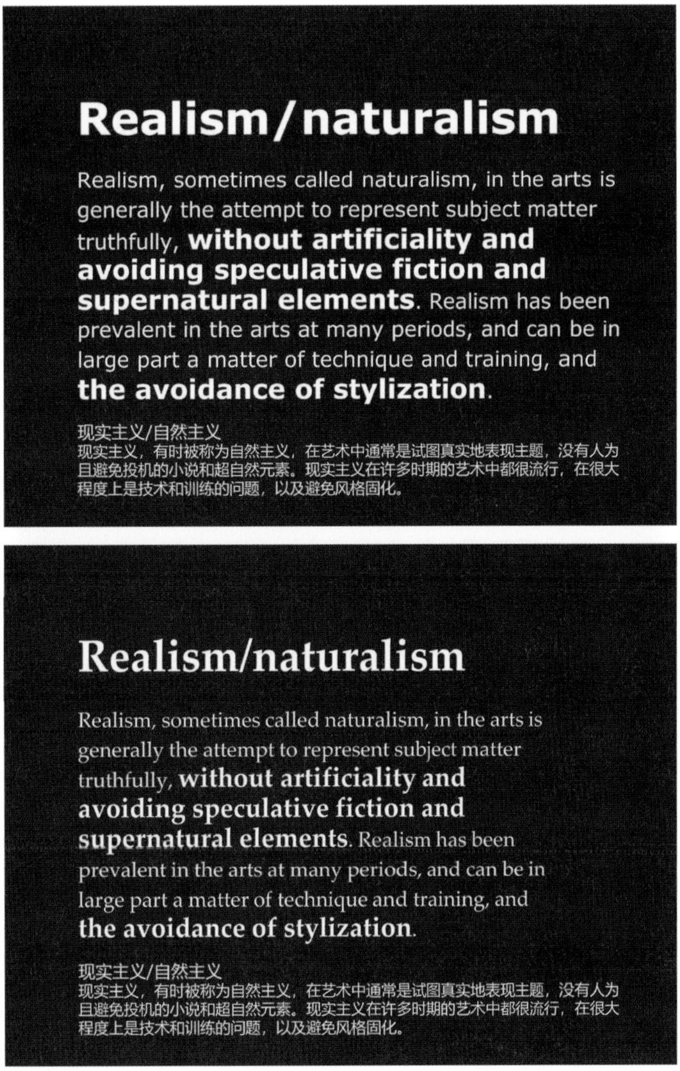

与 Verdana 的粗体和常规粗细字体相比，Adobe Caslon Pro 的粗体更难与常规粗细字体区分开来。在许多情况下，如果两种类型风格之间的对比较弱，学生将会错过重要信息。

图12.8

你可以通过创建颜色、空间、形状和字体大小的强烈对比来支持学生的功能性需求，以便他们可以更快地感知差异。

策略性加粗

当你的设计不可避免是重文本类型时，学习有效地使用加粗字体可以提高幻灯片的效率。图12.9表示了关于焊接的预览幻灯片中能够做到的最少字数。

简陋的处理方案产生了一个乏味的幻灯片，提供的信息太少且没有用处。因为它忽略了指出主题（焊接），所以阅读此幻灯片有点像解密代码。相比之下，图12.10中的幻灯片突出了要点，同时保留了辅助的支持信息。它使用策略性加粗来将学习者的注意力集中到关键词上。

这个演讲将包括：

①区别。

②定义。

③类型。

④工艺。

⑤子类型。

⑥优点和局限性。

关键词既有粗体又有颜色高亮，不是单独使用其中一种技术。

出于同样的原因，请确保你的粗体选择反映的是学生而非教师的目标。图12.11中的预览幻灯片，取自介绍英国文学主要时期的讲座，加粗的文字可能从教师的角度来说是最重要的。教师的工作是传授可证明的结果，而学习内容是学

在今天的演讲中我们将介绍

1. 传统与激光的区别
2. 定义
3. 类型
4. 基本工艺
5. 工艺的子类型
6. 优点和局限性

图12.9

在今天的演讲中我们将介绍

1. 传统焊接与激光焊接的区别
2. 激光束和激光基础的定义
3. 激光器类型
4. 激光焊接的基本工艺
5. 激光焊接工艺的子类型：气体、薄片和光纤
6. 优点和局限性

图12.10

生的主要工作。然而，这个列表的排版重点是迫使学生专注于教师的结果（列出、认识、解释、说出）而不是内容本身。一个"以学生为中心"的加粗工作看起来应如图 12.12 所示。

现在学生的审视眼光将集中在：

①主要文学时期。

②历史背景。

③主要特征。

④从一个时期到另一个时期的发展。

⑤主要作家。

在这个多目标幻灯片中，以策略性、"以学生为中心"使用粗体字有助于学生做好准备和聆听主要内容，这样就更有可能对教师期望的讲座目标产生积极影响。

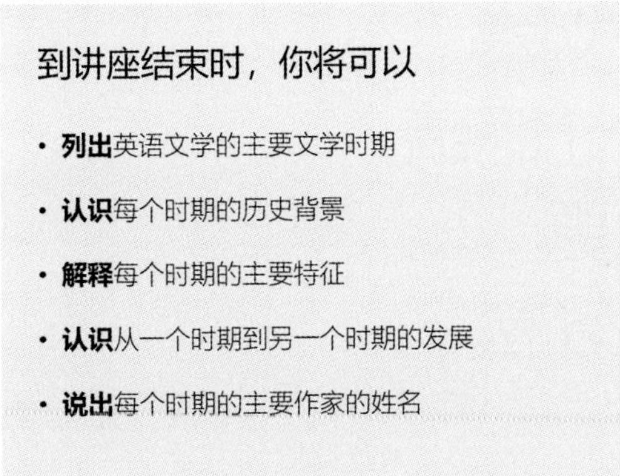

到讲座结束时，你将可以

· **列出**英语文学的主要文学时期

· **认识**每个时期的历史背景

· **解释**每个时期的主要特征

· **认识**从一个时期到另一个时期的发展

· **说出**每个时期的主要作家的姓名

图12.11

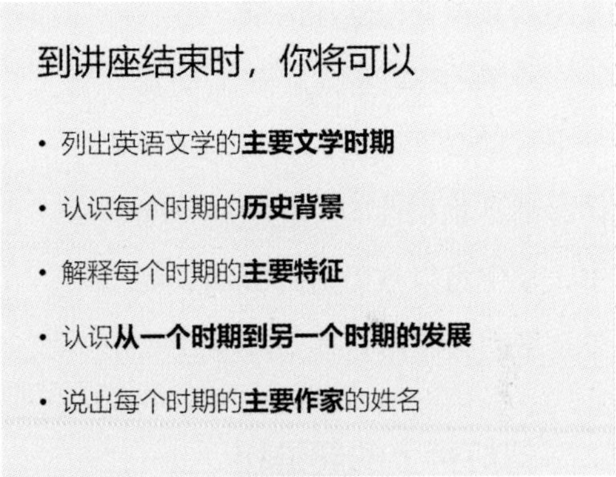

到讲座结束时，你将可以

· 列出英语文学的**主要文学时期**

· 认识每个时期的**历史背景**

· 解释每个时期的**主要特征**

· 认识**从一个时期到另一个时期的发展**

· 说出每个时期的**主要作家**的姓名

图12.12

左对齐而不是居中文本

居中文本使得在屏幕上阅读更难。我们的眼睛必须回绕才能找到每个新行的起点（如图 12.13 左侧不规则曲线所模拟的那样）。

相比之下，左对齐使得阅读更容易，因为我们的眼睛可以在每个新行的开头一致地返回到相同的位置（如图 12.14 中左侧垂直直线所模拟的那样）[1]。你应该在几

---

[1] 这个概念借鉴了琳达·洛尔（Linda Lohr）的《为学习与表现创造图形》。

乎所有的情况下，特别是在超过一行的文本块中使用左对齐。

也不要两端对齐

对齐文本是排版术语，用于在数学上对齐文本段落的左右边缘。虽然它在书籍上很好用，但对于屏幕阅读来说绝对不是一个好主意。对齐文本会在单词中，有时候也会在字母中，不经意地创建了尴尬和不一致的间隙（图12.15）。间隙使得在投影屏幕上阅读文本变得更加困难。

你在这些问题上做出的每一个看似微不足道的决策对透明体验都是累积性的。在透明体验中，学生可以被幻灯片吸引，而不是努力去阅读这些幻灯片。

幻灯片上的超链接

你可以在幻灯片上以两种方式显示超链接。要么显示超链接的完整文本，要么在文本中嵌入超链接——描述学生在点击它时会发现什么。要确定使用哪种方法，请考虑上下文及你希望学生对超链接能够做什么。显示完整的链接文本看起来不够优雅，但在文本中嵌入超链接意味着学生无法将其

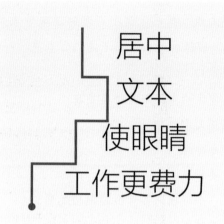

居中
文本
使眼睛
工作更费力

图12.13

左对齐
文本
让眼睛
更
轻松

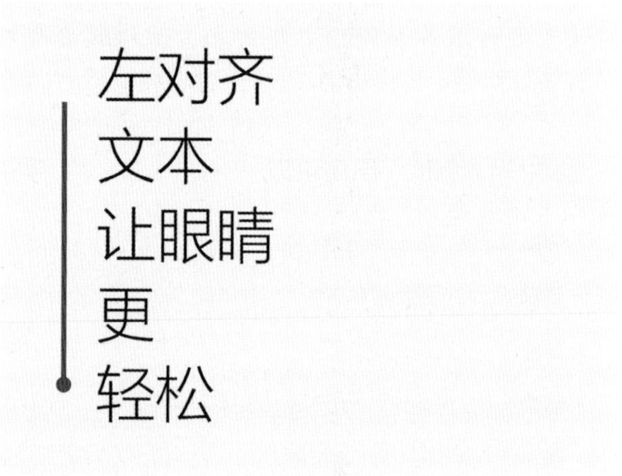

图12.14

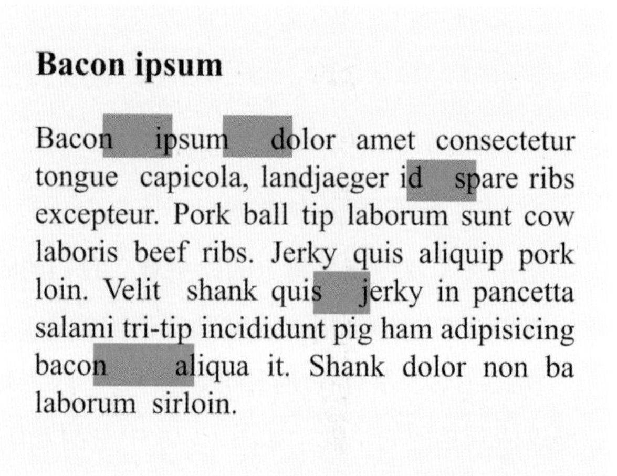

Bacon ipsum
Bacon ipsum dolor amet consectetur tongue capicola, landjaeger id spare ribs excepteur. Pork ball tip laborum sunt cow laboris beef ribs. Jerky quis aliquip pork loin. Velit shank quis jerky in pancetta salami tri-tip incididunt pig ham adipisicing bacon aliqua it. Shank dolor non ba laborum sirloin.

图12.15

复制下来（参阅第4课）。

当你希望学生轻松复制链接时，作为前两种方法的混合，存在第三种方法。要求他们复制一个笨拙的超链接显然是不实际和难以达到的。你可以使用URL缩短器来创建更容易复制的更短版本。URL缩短服务能够创建一个指针，指向真实资源所在的位置。生成的超链接仍然是一个无意义的数字和字母混合字符串，但更短。某些服务允许你指定一串易于记忆的可读文本。图12.16显示了第7章笔记的简短链接，如http：//sho.rtURL/ch7notes（仅举例使用，不存在实际链接）。

URL缩短服务的另一个优点是，它允许你收集基本分析，通常是缩短的URL受到的点击次数，这对衡量学生的参与度非常有用。

第七章 笔记

http://sho.rtURL/ch7notes

图12.16

使用句首字母大写，而不是全部大写

全部大写是这样：ALL CAPS IS THIS。句首字母大写是这样：Sentence case is this。每个单词首字母大写是这样：Title Case Is This。

句首字母人写是最好的。其原因与我们的阅读方式有关——实际上是通过识别形状而不是解码每个单词中的单个字母。全部大写的实际效果只是一个文本块（由图12.17中字母周围的红色边框模拟）。

你的眼睛必须停下来并识别每个字母才能阅读。与扫描包含大写和小写字母句

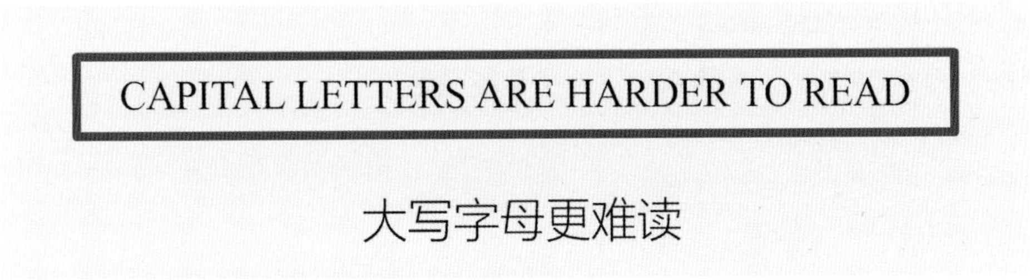

CAPITAL LETTERS ARE HARDER TO READ

大写字母更难读

图12.17

子的经验形成对比（由图 12.18 中字母形状的红色轮廓模拟）。同样的建议适用于全部小写：不要这样做。

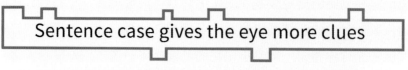

图12.18

因为以预期形状组合而不是逐个字母的模式阅读，我们能够更快地阅读（扫描）在句中出现的单词。

每个单词首字母大写通常位于单页幻灯片顶部的题目或标题文本框中。就可读性而言，它是比全部大写字母更好的选择，但是根据书面英语的语义指南，这样做没有意义。此外，因为你学会使用A-E结构，你知道在幻灯片顶部的标题区域写一个短句实际上是一种最佳做法。因此，每个单词首字母大写最适合演示文稿中的首页及书名和其他专有名词的提及。

避免使用艺术字

艺术字是PowerPoint中预先构建的图形格式化选项库，允许你为文本添加装饰样式。LibreOffice Impress有一个名为Fontworks的类似工具。Keynote提供了一个精细控制工具，可以执行相同类型的操作，但没有预设。

如图12.19所示，艺术字提供了改变文本外观的无数选项：阴影（Oh no）、映像（UFF DA）、文本轮廓（Yikes）、发光（Woah, Nellie!），以及斜面和浮雕（Good grief）。你可能被选项数量所迷惑，但这些效果几乎

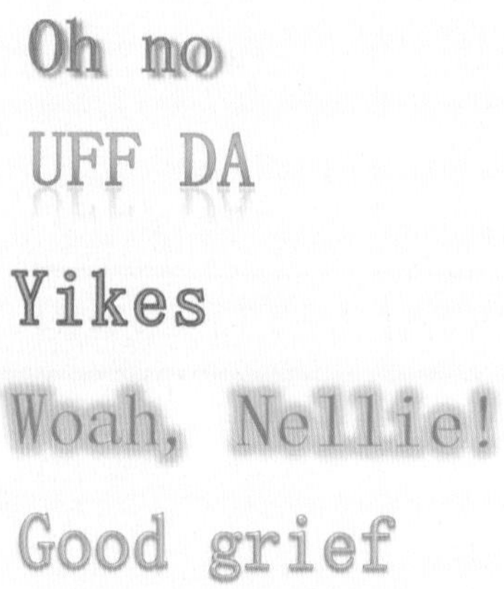

Oh no

UFF DA

Yikes

Woah, Nellie!

Good grief

图12.19

都导致了轻微的可读性障碍。选项可以被调整，所以理论上你应该自定义一个艺术字处理方案，以匹配你为演示文稿其余部分选定的颜色和类型系统；但是，如果你尝试匹配现有设计的样式，则选项很难控制。另外，屏幕阅读器软件无法可靠地阅读艺术字，这将导致无障碍问题。出于这些原因，我建议你完全避免使用艺术字，这样使你的演示文稿看起来更专业。

控制行间距

行间距值是每行文本之间的空白量。当排版的文本行越多，至少你就会知道一些行间距的影响，以及它如何影响可读性，这些都很重要。注意图 12.20 中行间距太小的影响。

像这样挤成一团，很难区分上一行字母的底部和下一行字母的顶部，并且有一处一个字母的底部甚至触及其下一行另一个字母的顶部（由高亮框指示）。请记住，我们不是阅读单个字母，我们是通过浏览字母形状来阅读，所以每行的顶部和底部都需要呼吸空间。由于行间距太小，我们的眼睛难以解码形状。这个问题在大型教室和会议厅中会更加严重。

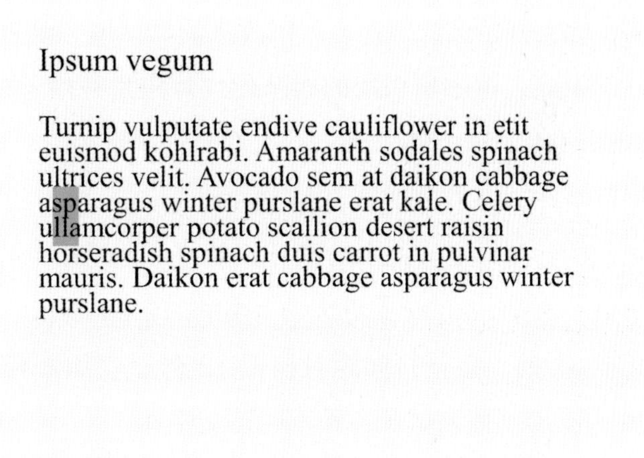

Ipsum vegum

Turnip vulputate endive cauliflower in etit euismod kohlrabi. Amaranth sodales spinach ultrices velit. Avocado sem at daikon cabbage asparagus winter purslane erat kale. Celery ullamcorper potato scallion desert raisin horseradish spinach duis carrot in pulvinar mauris. Daikon erat cabbage asparagus winter purslane.

图12.20

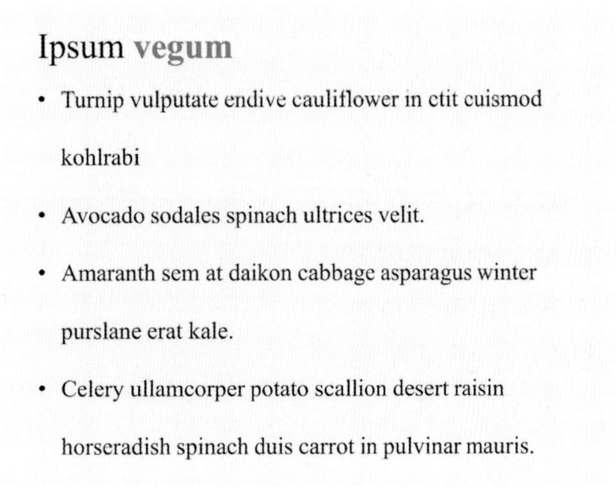

Ipsum **vegum**

- Turnip vulputate endive cauliflower in ctit cuismod kohlrabi

- Avocado sodales spinach ultrices velit.

- Amaranth sem at daikon cabbage asparagus winter purslane erat kale.

- Celery ullamcorper potato scallion desert raisin horseradish spinach duis carrot in pulvinar mauris.

图12.21

由于行间距太大，很难分辨出哪些行属于同一段落，这是列表信息的特殊问题。在图 12.21 中，所有的正文文本都是双倍行距。乍看起来好像有七个不同的观点，因为七行是等距的。但仔细研究一下，你可以看到此幻灯片只有四个观点，由四个项目符号表示。行间距会使信息及其显示之间产生不匹配。

在改造图中（图 12.22），每行之间是单倍行距，但在每个项目符号段落间增加了额外的空间。因为属于一起的行彼此靠近（但不是太近），所以很容易确定这张幻灯片上有四个观点。

你可能在想，**为什么我不能满足于幻灯片软件自动添加的默认行间距**？现在你已经提高视觉素养技巧到这一阶段，包括已意识到留白、平衡和空间定位的效果，你会开始注意到许多可以改进的默认值。赋权就是一切。

因此，本书所引用的四个幻灯片应用程序（PowerPoint、Keynote、Google Slides 和 LibreOffice Impress）都允许精细控制。替代使用预设单倍、1.5 倍或两倍行间距，寻找相关设置让你手动控制行间距的磅数。这里没有一成不变的规则，尽管超出字体大小的额外 6 磅或 8 磅适用于我们通常在幻灯片设计中处理的间距（例如，28 磅或更大）。如图 12.22 所示，"恰到好处"的设置为，正文文本 32 磅，单倍行间距且段后 18 磅。"加 6 磅或 8 磅"规则适用于我所做的 26～60 磅字体测试及各种不同正文字体。

为了确保你做得正确，你要从你将要讲课的房间后面查看你的幻灯片。注意在软件中如何控制段前、段后间距和行间距。你应该学会控制它们。

你在这里所追求的是一种快乐的方法：行间距可以清楚地表明什么属于什么，也不会干扰易读性和理解力。

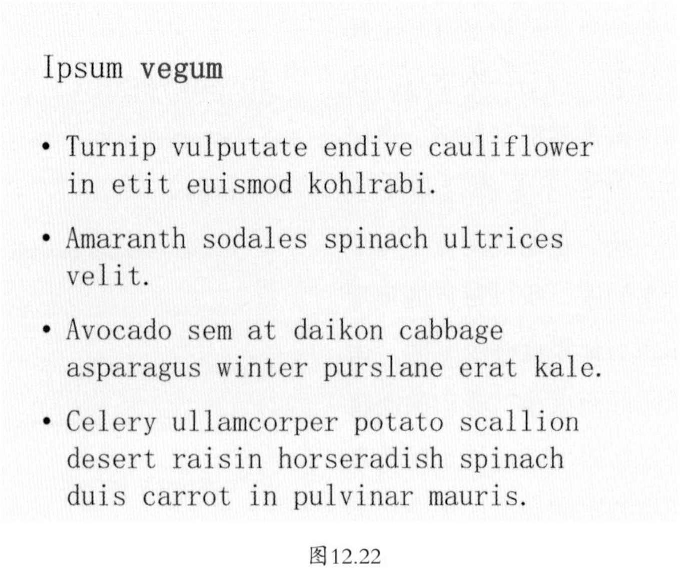

Ipsum vegum

- Turnip vulputate endive cauliflower in etit euismod kohlrabi.

- Amaranth sodales spinach ultrices velit.

- Avocado sem at daikon cabbage asparagus winter purslane erat kale.

- Celery ullamcorper potato scallion desert raisin horseradish spinach duis carrot in pulvinar mauris.

图 12.22

练习

1. **比较Times New Roman和Arial字体**。Times New Roman和Arial是计算机上常用的两种字体，且它们都被认为是透明字体。虽然两者都有极高的可读性，但很容易区分它们，包括从近距离和远距离。放大这两种字体的单个字母进行比较。哪些单个客观存在的差异共同作用使它们看起来不同？提示：比较小写的a和g，大写的R和Q来寻找关键差异。这个练习的目的是鼓励你更仔细地观察你的排版特征。

2. **排版实验**。打开你最近演讲的演示文稿。在幻灯片上突出显示包含关键信息的一些文本。现在花点时间滚动浏览幻灯片软件的字体列表。将该文本字体改为Comic Sans。对语气有什么影响？对可读性有什么影响？现在尝试使用其他字体——大胆而傲慢的字体如Braggadicio，轻盈而短暂的字体如Josefin Sans。你的内容中可感知的学术可信度与每个决策之间的处境怎么样？最后，选择你认为透明的字体并再次进行评估。我希望这个练习有助于说服你，那就是正文文本字体是更适合教育环境的选择。

3. **你的牙膏管**。今晚当你刷牙时，看一下牙膏管及其上出现的字体，特别是品牌名称。品牌名称是衬线还是无衬线字体？你会说它是装饰字体还是简单字体？牙膏管上的文字很可能正试图向你传达珍珠白牙齿的观点。就用在牙膏管上出现的词语来确定一些技巧，将珍珠白牙齿的观点传递给你。

4. **手动控制**。将一小段文本复制并粘贴到幻灯片中。将其字号改为36磅。弄清楚如何设置44磅行间距。尝试其他磅数，以便你了解更改行间距值的效果。将这种更精细级别的控制与典型预设行距对比：单倍行距、1.5倍行距、两倍行距。现在看看当你使用不同的字体重复这个练习时会发生什么？

引导注意力技术

讲课的部分技巧是在较长一段时间内保持学生的注意力。其中一些工作你可以通过使用主动讲课技术来实现，还有一些工作可以通过视觉设计技术得到帮助。你可以借由简单的注意力引导技术帮助学生专注于你所说的内容，包括利用幻灯片应用程序的动画功能：**渐进式显示**（经常被批评但得到研究支持的技术，先隐藏你设计中的部分内容然后当你准备谈到它们时再显示）和**注释**（添加箭头或其他形状以引起对屏幕某些区域的注意）。在本节课，你将学习何时及如何使用这些技术，很快你的演讲就离不开它们了。

引导注意力　使用文本渐进式显示

使用幻灯片软件的动画功能，只有在你准备好讨论它时，才在幻灯片上显示每一段文本。这种技术被称为**渐进式显示**或**隐藏和展示**。通过每次展示，你可以引导学生的注意力，屏幕上的信息可以增强你的口头表达。可见信息变得易于管理和易于理解，而不只是一个文本墙。隐藏和展示有助于学生放松。

动画功能提供了大量的选项：你可以使形状以不同速度飞入或飞出、晃动、螺旋或旋转。但我希望你忽视这些选项，除了两个：出现和消失。那些其他的动画选项都是花哨和分心的。我们正在寻求一种微妙、温和的效果，而不是为了运动而添加运动。

顺便说一句，动画与幻灯片切换不同，幻灯片切换是可以在幻灯片之间插入的动作效果。例如，当下一张幻灯片出现时，你可以让上一张幻灯片的内容在棋盘图案中"溶解"。因为动作是获得注意力的最有效方法，所以要为特定用途保留它。

很少有理由在幻灯片之间添加不必要的动作——内容的变化就足够了。由于这些原因，幻灯片切换通常是在现场讲座中基于动作的装饰等效物。除非你有与**内容相关**的特定原因，否则请避免使用它们。

以下示例是一个完整的幻灯片改造图，它使用动画和空间定位来传达关键想法和支持信息，这是我们讨论过的许多技术的一种综合运用。图13.1中的原始幻灯片提出的问题是"定金"一词是否与"订金"一词同义。

你可能还记得将标题放在幻灯片的底部是无效的，因为它会破坏学生眼睛在阅读幻灯片时所遵循的Z形图案。我将首先处理该问题，将标题文本从幻灯片的底部移到顶部。

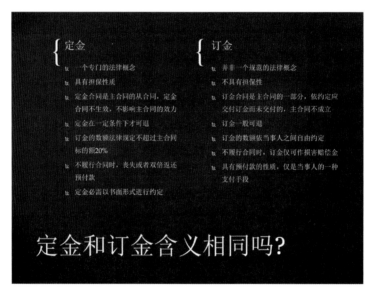

图13.1

在原始幻灯片中，信息的一个有效方面是定金和订金之间的比较。我想在新的改造图中保留这种比较。但我也想回答一个学生会有的且符合逻辑的问题，即每个术语之间的区别特征是什么，以及它们的共同特征是什么？韦恩图是显示两个不同事物之间共享特征的自然选择。

为了填充每个圆圈的内容，我从类似句子的项目列表中选择关键词，在每个项目之间创建一些空间，并确保每个项目的类比从左到右。例如，"专门法律概念"和"非规范的法律概念"是定金和订金之间的直接比较。这些项目应该处于同一行，以便于比较。

　　我在韦恩图的中心放置每个定义的重叠部分，并添加对比色以强调重叠信息，其中包含主题思想——定金和订金的共同特征（图13.2）。

　　最后一步是为显示设置动画，以便每次逐个显示直接比较，在最后展示两个概念的重叠部分。图13.3中的一系列屏幕截图显示了在讨论每个要点时如何向学生呈现渐进式显示。

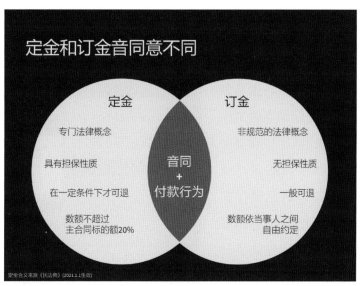

图13.2

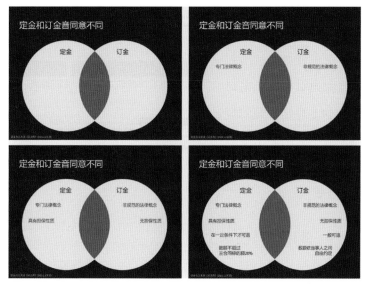

图13.3

引导注意力　使用颜色和空间定位

引导注意力的第二种技术是使用颜色和空间定位的组合。图13.4来自于关于女性健康问题的医学讲座，它有一些问题，最明显的是：颜色的选择背后没有意向性，颜色和意义之间也没有相关性。幻灯片主体中的形状具有不同颜色，包括长春花色、粉色、黄色、白色和午夜蓝色。都在明亮的蓝色背景下，同时使用了白色和黑色文本。在这张幻灯片所属的演示文稿中，不同的颜色应用于不同的幻灯片页面，可以确定颜色的选择是随机的。

在这种设计中使用颜色也是多余的，因为将信息分门别类的工作已经通过文本框的空间定位和文本框顶部的标签实现了。然而，演讲者希望将所有这些信息保存在同一张幻灯片上，作为患者病史的视觉表达。此幻灯片提供了一个展示颜色如何帮助引导注意力的绝佳机会。

改造图展示了如何更有目的性地使用颜色。当教师通过这张幻灯片进行演讲时，黄色背景和较暗的文字和标题将注意力引导到此设计的相关部分。图 13.5 显示了此幻灯片的多个视图，其中颜色突出显示正在讨论的部分，其他部分显示为灰色而不是完全隐藏。

图13.4

图13.5

引导注意力　使用信号技术

第三种技术是在谈论某个部分时使用形状、箭头或线条等信号来引起对幻灯片或图形的某些部分的注意。这种技术在屏幕上相当于使用手指、教鞭或激光指针来引起对某些部分的注意。

这项技术成功的关键是确保信号与背景形成鲜明对比，否则学生可能会错过它。图 13.6 显示了一个不成功（顶部）和一个成功（底部）使用彩色框来引起人们对这个复杂插图一部分注意的幻灯片，这是美国 19 世纪后期历史悠久的康斯托克（Comstock）矿脉采矿作业的石版画。

实时注释

在一些更强大的幻灯片应用程序中，可以在演示模式下实时使用注释工具。也就是说，你可以使用鼠标或触控板在演讲时标记幻灯片。一些研究表明，跟我一直在讨论的预编程技术相比，学生更喜欢实时注释。教师也可能更喜欢它。它允许教师回应学生的实时问询。实时注释成功的关键是，能够确保注释和背景之间的强烈对比。实时注释需要你学习口述注释，以帮助那些可能难以看到或跟随注释的学生。

图13.6

呈现复杂结构

对于在 10×7.5 英寸幻灯片画布上工作的设计师而言，一个具有挑战性的场景是：如何在放大任何组成部件之前完整地展示复杂结构。你可以将整个结构分成多个部分，并在几张幻灯片中以部分的形式显示，但这并不理想，因为它会割裂你尝试显示的整体内容。

Prezi[①] 来拯救！

Prezi 著名的"无限画布"在演示软件应用程序中是独一无二的，因为它使你能够以不同的细节水平放大和缩小场景。许多人不喜欢 Prezi，因为他们报告 Prezi 的动作和缩放让人感到不舒服。但是过多的缩放和动作表明或是技能水平较低（这是一个难以学习的工具！）或是错误使用。实际上，大多数演示者没有使用 Prezi 的最大优势。如果你用 Prezi 来创建过去那种线性幻灯片——带有项目列表的连续视图——说明你没有充分利用 Prezi 的强大能力。

务必使用 Prezi 帮助学生看到更大的画面、层次结构及构成复杂内容的关系。例如，图 13.7 显示了用于收集、处理和分析数据的工作流程。该演示者可以有效地使用 Prezi 来显示整个工作流程，并通过放大来进一步阐明各部分。

务必使用 Prezi 引导学生经历具有许多相互关联步骤的过程或使用长时间线。例如，Prezi 将是一个伟大的工具，用来展示生物有机体在这个星球上进化过程的令人难以置信的时间跨度，地球在那之前就存在了相当长的时间。

特别是，务必使用 Prezi 来展示总体组织结构或视觉隐喻，但不要过于花哨。保

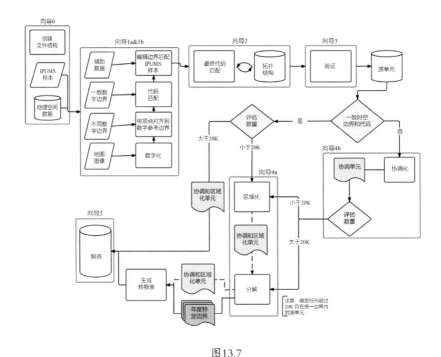

图13.7

---

① Prezi 是一种主要通过缩放动作和快捷动作使想法更加生动有趣的演示文稿软件，详情请浏览 https://prezi.com。（译者注）

存你的 Prezi 能量，直到它密切服务于你的主题时——当查看一个话题的总体结构是理解它的最好方式时。否则，实际上你的内容可能不需要 Prezi 的"无限画布"。在这种情况下，请使用常规的幻灯片，因为它更容易掌握。

练习

1. 做一个形状动画。这是一个机会去学习如何让一个形状在幻灯片上出现和消失，并对如何使用成组的显示/消失动画进行练习。以下是一个样例挑战：

(1) 打开你的幻灯片软件并在空白幻灯片上创建四个形状。

(2) 当鼠标点击时让第一个形状显示。

(3) 让第二个和第三个形状一起显示（提示：你可以使用成组功能将形状 2 和形状 3 组合成一个对象，或将形状 3 编程控制为与形状 2 一起显示）。

(4) 当第四个形状出现时，让前三个形状消失。

2. 做一个文本列表动画。你可以向列表中的项目添加动画，当你希望每个项目逐个显示而不是一起显示时。这是一个可以添加到你的工具包中的有用技能，因为有时你需要显示一个项目列表，但希望学生一次只关注一个项目。从你已有的演示文稿中找一个带有漂亮长列表的幻灯片，或创建一个显示你购物清单的幻灯片。现在弄清楚如何为列表中的每个项目添加"出现"动画。

本书所涉及的四个幻灯片应用程序都有一个添加这些动画的手动操作，还有一个快捷键来为多行文本添加相同动画。你要学会使用这两种方法，并在需要时寻找视频教程以提供帮助。

另一个挑战是，练习添加这样一个动画：在上一个项目消失的同时下一个项目出现。这个动画编程更难实现，但值得一试，特别是对于复杂的材料。

列表大师课

lesson fourteen

我们花了很多时间讨论在你的幻灯片设计工具包中，你可能考虑放弃使用项目符号作为主要解决方案的原因。我希望你首先尝试其他视觉解决方案。但是，项目列表文本有时是最佳选择。在这节课中，我们将讨论在一些场景中项目列表幻灯片比其他幻灯片设计更有效，以及当你一定要使用它们时如何才能做好。这节课的主要宗旨是：当你使用项目符号时，请以帮助学生学习和记忆的方式使用它们。

有时列表是最好的选择

列表有时是最好的设计选择。幻灯片上的信息只有少数情况应该作为项目列表展示，并且仅限于你所处的情况是：

(1) 解释一个有几个支持性陈述的观点。

(2) 显示你计划在其他幻灯片中单独阐明的项目列表的概述。

(3) 提供你已经讨论过的项目总结。

项目列表有时有助于显示代表性示例的完整列表，学生无须记住或保留各个示例。图14.1伴随着关于常见犬种各成员经济重要性的讲座。幻灯片的重点不是让学生记住它们，而是要展示其

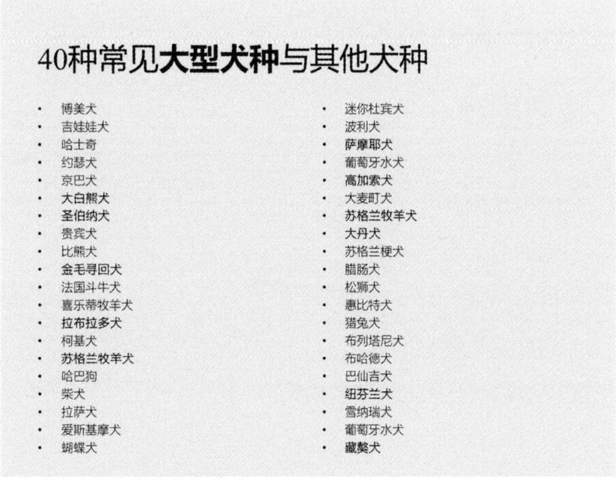

40种常见**大型犬种**与其他犬种

博美犬	迷你杜宾犬
吉娃娃犬	波利犬
哈士奇	**萨摩耶犬**
约瑟犬	葡萄牙水犬
京巴犬	**高加索犬**
大白熊犬	大麦町犬
圣伯纳犬	**苏格兰牧羊犬**
贵宾犬	大丹犬
比熊犬	苏格兰梗犬
金毛寻回犬	腊肠犬
法国斗牛犬	松狮犬
喜乐蒂牧羊犬	惠比特犬
拉布拉多犬	猎兔犬
柯基犬	布列塔尼犬
苏格兰牧羊犬	布哈德犬
哈巴狗	巴仙吉犬
柴犬	纽芬兰犬
拉萨犬	雪纳瑞犬
爱斯基摩犬	葡萄牙水犬
蝴蝶犬	**藏獒犬**

图14.1

中的犬型犬种（图9.14是另一个例子）。

当你向他们展示这样的幻灯片时，学生可能会合乎情理地体验某种程度的视觉压迫性。我不是在暗示恐慌会随之而来，但是他们可能会片刻地分心，或者在琢磨：**啊！我应该把所有这些都复制下来吗？** 或者在寻找具体细节，例如，想知道我小时候最喜欢的狗狗属于哪一犬种。因为视觉效果的有效性一部分取决于他们如何留心，另一部分取决于你如何与他们互动，所以你可以通过管理学生应该对幻灯片上这些信息做出什么的期望，来减轻学生的压力。

列表逻辑

图14.2描述了在不适当的项目列表幻灯片上通常会出现的逻辑错误。在主题思想下方的观点中，只有一个支持它，而其他的要么是略微相关，要么是演讲者希望不要忘记提及的项目。

此幻灯片上的所有信息在技术上都是相关的，但它们不直接服务于主题思想，就像标题和分论点的逻辑层次结构指示的那样。换句话说，设计与内容相冲突。因此，尽管这些项目可能都需要口头提及，但是并非所有的项目都需要出现在幻灯片上。幻灯片上显示的内容被赋予价值和重要性是因为它们已经出现在幻灯片上，因此，你需要对要包含的内容具有选择性和意向性。

正确使用列表：平行结构

你的项目符号列表应该在逻辑上起作用，如图14.3所示。

在这里，内容的安排（支持性语句显示在主题思想下面）产生了一个聚焦和简

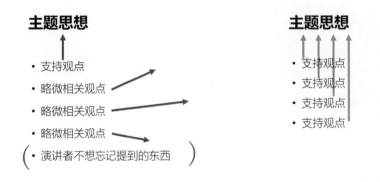

图14.2　　　　　　　　　　　　　　　　图14.3

洁的幻灯片，其中的主题思想得到良好支撑。这种简单的视觉启发式方法可以消除将项目符号作为选项的一些场景，在这些场景中，你可能会被哄骗、被诱惑或仅仅是简单的因为筋疲力尽而回到将演讲笔记投影到屏幕上的无效做法。

每个列表的支撑点应该在语法和语义上与主题思想具有相同的关系，它被称为**平行结构**。每个项目与主题思想的关系越相同，学生在输入新信息时需要保持在工作记忆中的东西就越少。回想一下，阅读和聆听根据自然规律不能同时发生，这是一种使工作记忆过载的情形。创建没有逻辑错误的幻灯片可以减轻负载。让我们看看现实生活中的幻灯片，看看当学生尝试从有逻辑问题的幻灯片中学习时会发生什么（图14.4）。

从语义的角度来看，前四个项目分别说明淋巴系统的作用。然而，第五个项目提供了新的信息，将重点从淋巴系统的作用转到命名系统的生理组成部分。这一新的焦点迫使学生回到主题思想，并对其产生不同的理解：此幻灯片不仅讨论淋巴系统的作用，还讨论淋巴系统的组成部分。第六个项目提供了更多信息，现在此幻灯片包含了淋巴系统功能性的信息。因此学生不得不再次回到主题思想，以便弄清楚如何整合新的信息。图14.5使用箭头和括号标明了哪些逻辑是平行的及哪些存在违规。

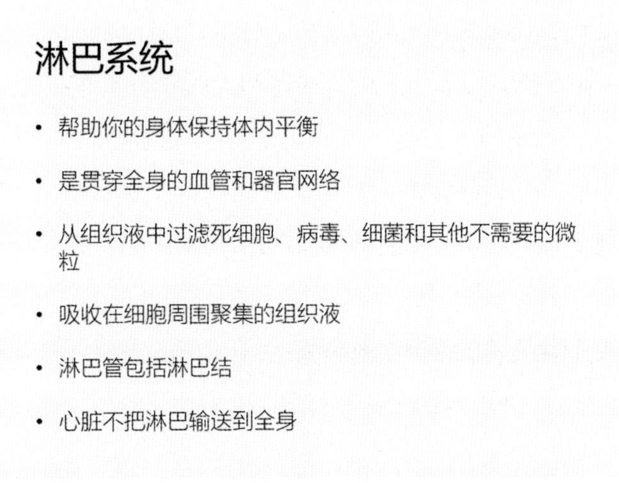

淋巴系统
帮助你的身体保持体内平衡
是贯穿全身的血管和器官网络
从组织液中过滤死细胞、病毒、细菌和其他不需要的微粒
吸收在细胞周围聚集的组织液
淋巴管包括淋巴结
心脏不把淋巴输送到全身

图14.4

淋巴系统
帮助你的身体保持体内平衡
是贯穿全身的血管和器官网络
从组织液中过滤死细胞、病毒、细菌和其他不需要的微粒
吸收在细胞周围聚集的组织液
淋巴管包括淋巴结
心脏不把淋巴输送到全身

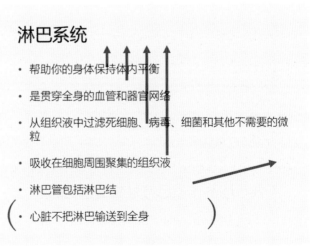

图14.5

正如你所看到的，当主题思想变得不可靠，导致无法快速理解各支撑点时，学生必须做更多的工作，这会降低通过使用列表所获得的效率。

最后，从语法的角度来看，这六个项目中只有三个（第一、第三和第四项）是与主题思想平行的。非平行的语句破坏了学生阅读幻灯片的流动性。

总之，项目列表可以是最有效的信息呈现方式，但只有当所有语句与主题思想具有相同关系时。

列表经济性

当它们允许学生快速理解主题思想时，列表可以是一种有效的信息呈现方式。你可以通过确保主题在介绍后面的信息时具有适当的描述性来最大化这种效率。图14.6 中的幻灯片取自关于哈莱姆文艺复兴主要人物的讲座。

重复阅读三次"被认为"不仅对认知资源造成负担，还创造了一种分心的视觉节奏。这些项目列表可以变得更经济，通过将语句的重复部分移到幻灯片的标题区域，这将创建一个更强大的介绍性短句（图 14.7）。

现在，学生可以更加有效地理解这张幻灯片的主题，让他们可以专注于马库斯·加维影响范围的新信息。

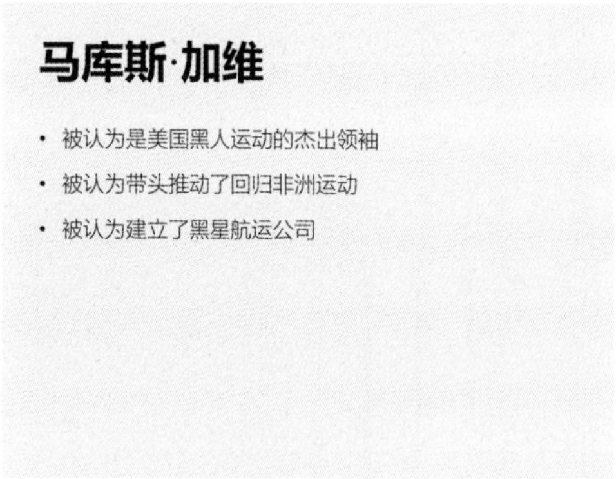

图14.6

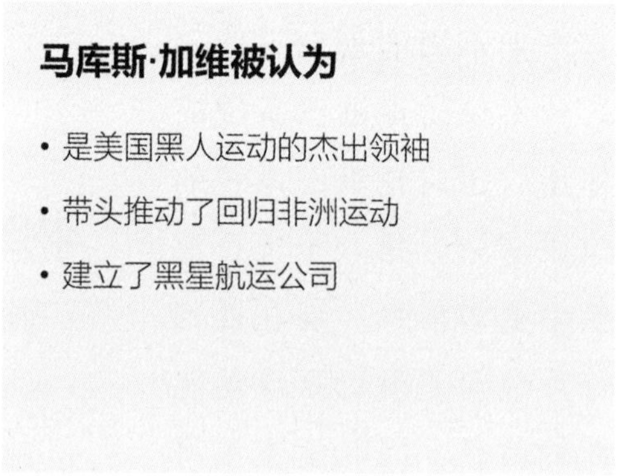

图14.7

不要手动制作项目符号或编号列表

项目符号的实际功能是创建空白区域，让眼睛更容易区分每个新观点的开始。

你应该始终使用项目符号工具，让幻灯片软件为你创建项目符号，而不是尝试使用符号和空格键手动创建项目符号效果。

以下列表是使用连字符及其与文本之间的一个空格手动创建的：

– 观点

– 观点

– 观点

这些手动创建的项目列表看起来很拥挤。而且，我很容易忘记我在项目符号和文本之间使用了多少空格，这会使列表看起来不那么均匀。

相比之下，以下列表是使用项目符号自动格式化工具创建的：

· 观点

· 观点

· 观点

软件会自动插入让人舒服的空间，包括页边距的缩进及项目符号和文本之间的缩进。从工作流程的角度来看，自动编排列表更易于维护，并且可以创建更统一、更吸引人的列表。此外，如第 4 课所述，它们使自适应技术用户可以访问该列表。

出于这些原因，你应该让软件为你制作列表。

保护项目符号周围的空间

如上所述，项目列表的效率之一是协助扫描。项目列表在视觉上工作得很好，是由于形状（项目符号）和空白区域的定位，这允许眼睛在列表中快速地从一个项目移动到另一个项目。当空白区域得到有效控制时，项目列表最有效。你需要注意出现在任何地方的空白区域：每个项目符号之间、缩进文本周围及每个项目之间，特别是当项目列表包含多行文本时。

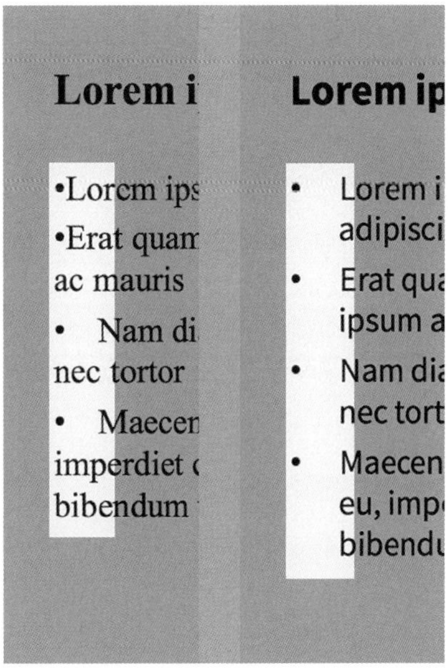

图14.8左侧的项目符号空间不足、不一

图14.8

致，而右侧的项目符号更加均匀。

在每个项目符号周围和每个项目之间添加一致的空白区域，以及每行文本的缩进，使得浏览此信息更加容易，正如你希望学生在听你讲课时所做的那样。

使用正确的列表类型

有序（编号）列表和项目符号列表的目的是不同的，因此不可互换。要有意识地使用有序列表和项目符号列表。

有序列表最适合显示需要按照特定顺序执行的步骤过程。例如：

如何阅读期刊文章：

(1) 确定相关性：浏览摘要、简介和结论。

(2) 为理解而阅读；仔细阅读所有部分。

(3) 扫描参考文献来了解额外的文献搜寻。

有序列表也适用于具有一定数量项目的列表。

一个句子具有两部分：

(1) 主语。

(2) 谓语。

最后，有序列表是按重要性或统计层次排列描述项目的适当方式。例如：

全球孕产妇死亡的五大怀孕相关因素是：

(1) 出血（25%）。

(2) 感染（15%）。

(3) 不安全堕胎（13%）。

(4) 子痫（12%）。

(5) 梗阻性分娩（8%）。

相比之下，项目符号列表最好用于描述属于同一类别或属于主题思想的从属和支持性观点。

选择适当且标准的项目符号形状

项目符号应该用来描绘你的想法，而不是引起人们对项目符号本身的注意。聪明地使用项目符号可能服务于形成个人风格。例如，我曾经参加过儿科医生/魔术师迈克尔·皮特（Michael Pitt，医学博士）的一次演讲。他的演讲介绍使用魔术技巧来帮助缓解患者在医学检查中的焦虑，其中包含钻石、梅花、心形和黑桃形状的项目符号，这些成功地——最重要的是，微妙地——唤起了魔术师主题。但是，这种选择也意味着你将冒着让学生分心的风险。判断你是否做出了适当设计决策的方法是：当可能引起问题的因素消失在合理设计中时，也就是说，当该因素看起来是完整的和绝对刻意时。如果当任何因素突出时，那就需要重新评估它在幻灯片上的存在问题。

同样，不要依赖项目符号来传达关键信息，如图14.9所示，它列举了人类食用牛奶的利与弊。

作者用星形表示好处，用X形表示坏处。使用这些符号来表达作者的意图在视觉上是无效的，原因是：首先，星形表示利和X形表示弊的约定依赖对于表示好和坏的西方文化符号的熟悉程度。选择依赖于学生对符号含义细致理解的项目符号，会让一些学生处于不公平的劣势。其次，屏幕阅读器不会读取星形和X形项目符号之间的差异，因此嵌入其中的信息对于无法看到或没看幻灯片的人来说是丢失的。最后，由于

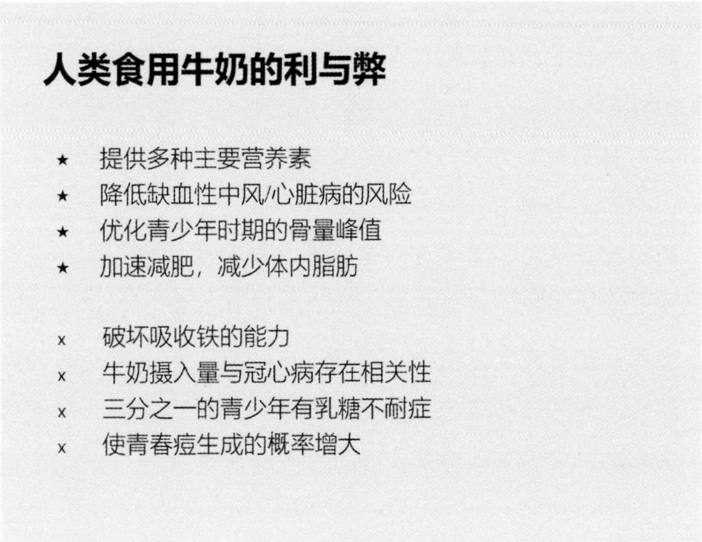

人类食用牛奶的利与弊

★　提供多种主要营养素
★　降低缺血性中风/心脏病的风险
★　优化青少年时期的骨量峰值
★　加速减肥，减少体内脂肪

×　破坏吸收铁的能力
×　牛奶摄入量与冠心病存在相关性
×　三分之一的青少年有乳糖不耐症
×　使青春痘生成的概率增大

图14.9

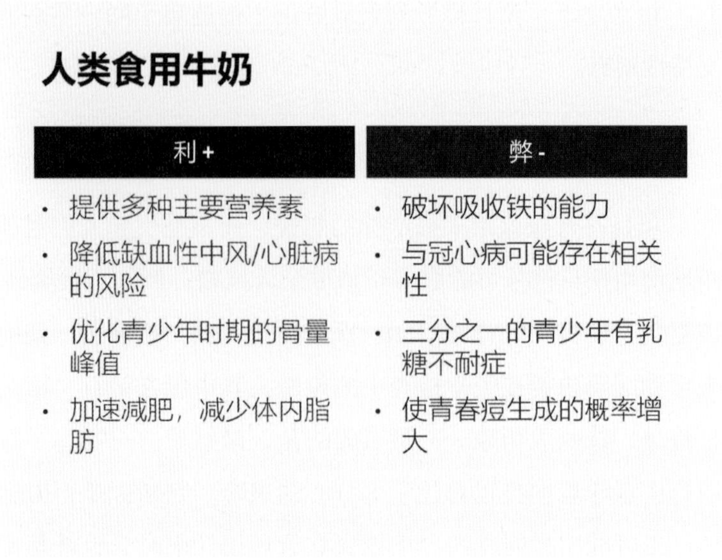

星形和X形项目符号之间的视觉区别相对较小，即使是最有视觉素养的学生也可能完全错过利与弊之间的符号差异。改造图（图14.10）结合标准项目符号形状，同时使用第 10 课中讨论的左右利弊的构图。

人类食用牛奶

利 +	弊 -
· 提供多种主要营养素	· 破坏吸收铁的能力
· 降低缺血性中风/心脏病的风险	· 与冠心病可能存在相关性
· 优化青少年时期的骨量峰值	· 三分之一的青少年有乳糖不耐症
· 加速减肥，减少体内脂肪	· 使青春痘生成的概率增大

图14.10

75%文本大小的标准小圆点或方块足以满足大多数项目列表的要求。这个决定最好只做一次并在幻灯片母版中设置。与学术幻灯片设计中的任何决策一样，选择最简练、最简单、最有效的沟通方式，并保持一致。

项目符号和标点符号

在我的圈子里，有一个同事之间有益的学院派辩论，关于幻灯片上项目列表的标点符号使用问题。有人说应该在每个标题之后放置冒号，就像在印刷媒体中一样。

投影的幻灯片与印刷媒体不同，并且样式规则并不总是适用于这两个领域。一些"文本到语音"自适应技术确实在冒号或句号出现时插入比没有它们时更长的停顿。然而，冒号或句号也是一种风格选择。例如，我认为标题文本的大小和视觉空间定位，以及标题文本占位符的功能，在这个设计中完成了冒号的工作，使冒号显得重复且多余。然而，本书更大的主题是你的设计决策始终是刻意和一致的。如果你总是使用冒号，那就一直使用，因为对于那些很了解你幻灯片的学生来说，它不会成为分散注意力的一个因素。

练习

1. **学习如何在幻灯片应用程序中控制缩进和制表位**。你的幻灯片软件让你能够控制项目列表中各项目之间的缩进和空格。查找视频教程，了解如何使用标尺或制表位控件进行这些调整。制作一个带有项目列表的幻灯片，并练习调整页边距和项目符号，以及项目符号和文本之间的空间大小。

2. **在你的演示文稿中查找列表失误**。在反思旧习惯和开发新技能的过程中，回顾一些旧有的演示文稿，特别注意包含大量项目列表材料的幻灯片。回答以下问题：

(1) 大多数情况下，在实现逻辑的并行结构方面你如何评价自己？

(2) 你是否适当使用有序和无序列表？

(3) 你是否使用标准项目符号形状（或者你能否表达偏离此项建议的理由）？

(4) 如果有的话，在项目符号的形状、大小或颜色中有多少编码信息？

(5) 你是否在项目符号和缩进文本之间、在各项目之间具有充足且一致的空间量，使得项目列表语句易于区分？

现在，使用这些最佳实践作为指导，在一个你最差劲的项目符号幻灯片上进行改造，你会对刚刚创建的大幅改进的幻灯片感到惊叹。

良好数字公民

良好数字公民是关于数字内容（如幻灯片和讲义）作者的最佳做法。与其他任何学术写作一样，最佳做法包括适当引用他人观点，给予我们在设计中引用的媒体创作者适当的赞誉，还包括内容创建的日期。这些做法中的每一个都对幻灯片画布可见区域中所包含的内容产生影响。本节课提供了如何在不干扰设计内容的情况下显示这些信息的建议。此外，我还提供了如何让其他人轻松引用和重用幻灯片的方法。在这节简短的课程结束时，你将会发现分享新作品的机会，同时负责任地重用他人创造的材料。

幻灯片首页

你演示文稿中的第一张幻灯片提供了许多塑造良好数字公民的机会。考虑在你所做的每一次学术演讲的首页包含以下五个元素：

(1) 一张大号、与主题相关且激励的图形。

(2) 演讲的题目（显然）。

(3) 你的姓名和联系方式信息。

(4) 日期（讲座或最后更新的日期）。

(5) 你的机构徽标（如果适用）。

(6) 知识共享许可（如果需要）。

图15.1是标题幻灯片上所有这些元素的示例。让我们更详细地讨论它们。

图15.1

激励的图形

在标题幻灯片上包含图形的主要教学法原因是：激励图形可以帮助引导学生并激发他们对该主题的兴趣。你选择的图像应该有视觉魅力或提供一些其他形式的视觉新奇。你要让学生对你即将呈现的内容感到兴奋，并在他们的头脑中提出一个问题：这个图像与我将要学习的内容有什么关系？不要选择一个没有表达任何内容的一般图像从而浪费这个机会，要大胆！要创新！

联系方式信息

在第一张幻灯片上不仅提供你演讲的题目，还包括你的姓名和联系方式信息，对于学生来说是友善的。我建议你添加这些信息，尽管你可能每周三次为同一组学生演讲。数字资源往往在环境中持续存在，如果你这样做，你的学生能够在未来几年内查找并引用你的工作成果，特别是如果你分发幻灯片而不是讲义。

讲座日期或最后更新日期

同样，提供特定讲座的发表或最后更新的日期也是对学生的一种礼貌。我们使用期刊文章和学术教科书的出版日期来了解信息的一般时间线；同样，在幻灯片中，提供相同的信息对于那些想要知道信息何时被编写、审查或更新的勤奋学生是有帮助的。在这里，你有一个宝贵的机会来传达你的内容是生机勃勃的，是活泼的，是最新的。确保你为本学期学生更新讲座的日期，特别是如果你在每个学期进行同样的演讲。这种简单的做法可以帮助他们在期末考试之前整理笔记或检索文件。最后，如果其他人选择在自己的工作中引用你的讲座，那么讲座日期是一个相关且重要的细节。

徽标

你的机构徽标应在标题幻灯片上，也可以在幻灯片末页上，这是它应该出现的仅有的两个地方。回想一下第 8 课中关于辉映和装饰图形的讨论，徽标出现在演示文稿的其他地方都是装饰，应予以去除。

知识共享许可（如果需要）

知识共享许可是一种方便的方式，让人们知道你打算如何使用你的知识作品。你可以指定众多许可证中的任何一个。如果你确实选择根据知识共享许可提供你的作品，你可以下载该许可的图标版本并将其显示在标题幻灯片上，

以引起学生的注意。有关根据知识共享许可授权你的作品的更多信息，请访问
https://creativecommons.org。

结尾幻灯片

结尾（End Matter）是从印刷出版业引申出来的术语，它原意是指书籍末尾提供有关作品附加信息的那些页面。幻灯片末页结束演讲并提供以下信息：

(1) 媒体信誉。

(2) 致谢。

(3) 推荐阅读和资源清单。

(4) 联系信息，包括你的网络存在（网站，Twitter 句柄等）。

媒体信誉和致谢

为演示文稿中使用的电影剪辑、图像和图形的共享及类似共享建立的最佳做法是，你应该在你的演示文稿末尾专门使用一张或几张幻灯片，以赞赏该媒体的制作者。除了列表形式，当每个缩略图与赞赏文本相匹配时，可以使媒体信誉幻灯片更具识别性和意义，如图15.2所示。这不仅是对待他人如同你希望被对待的那样，也是一个聪明的记录保持策略——当你想找到并重用一个图像，而你不记得从哪获得它时。

你也可以针对致谢幻灯片采用相同的视觉处理。当你展示在演讲准备过程中为你提供帮助的真实人物的照片时，你不仅表达了感激之情，树立了协作的典范，还使合作流程显得人性化：三合一的效果！

推荐资源

在长时间演讲结束时，在一张幻灯片上以小字体显示详细的参考文献列表是无效的。学生没有时间阅读和复制下来，而且你可能会不得不从文字处理软件中复制并粘贴它们，然后在幻灯片上为重

图15.2

新格式化感到烦恼。参考文献提供的最佳方式是通过讲义，学生可以保存和打

印（或者不打印）。引用来源也应该在幻灯片底部不引人注目地列出。如果你有一些精心策划的关键资源，你真的希望学生去查看，考虑以一种令人难忘的方式展示它们，例如书籍封面图片（图 15.3 ）。

图15.3

幻灯片末页

演示文稿中的最后一张幻灯片提供了一个视觉提示（对于演讲者和学生）——讲座部分已经结束。它通常也为问答环节提供背景。出于这个原因，许多教师直观地使用像"问题？"或"谢谢！"这样的单字（或单词）幻灯片来实现这一目的。但请考虑使用其他方法，来利用此幻灯片获得的额外查看时间。你可能希望借此机会将最后一个观点巩固在学生的记忆中。你也可以重新显示标题幻灯片中令人回味的图像，让学生有机会反思整个演讲（图 15.4 ）。或者你可以更聪明地使用这张幻灯片，有助于缓解信息密集型演讲过程中产生的一些紧张（图 15.5 ）。

在任何情况下，最后一张幻灯片都是一个很好的地方，可以包含——再次——你的联系信息和指向你讲义的链接。

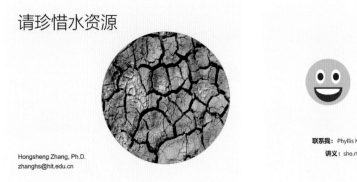

图15.4

图15.5

引用信息来源

作为一个良好的数字公民和学术实践的问题，你应该对你如何引用信息来源有一个计划。为这些信息选择一致的位置、颜色和字体大小，并在整个演示文稿中坚持这些决定。如前所述，一致性可以帮助学生理解如何从幻灯片中学习。一旦他们发现幻灯片的引用始终位于左下角，编号始终位于右下角，媒体信誉始终在靠近演示文稿结尾的位置，他们就能够轻松地将这些细节与同时出现在幻灯片上的其他内容区分开来。如果他们需要这些信息，他们知道去何处寻找，但这不会分散他们对其他教学信息的注意力。

查找图像供教学使用

作为教育工作者，我们有责任为学生树立信息时代数字文化公民的榜样。这项责任包括塑造负责任的图像搜索和信息资源使用，系统、一致地引用信息来源。虽然教育工作者可以在某些情况下声称出于教育目的的公平使用图像，但这种讨论超出了本书的范围。请考虑咨询你所在大学的版权和公平使用资源部门，以获得进一步指导。

免版税并不意味着免费

在进行图像搜索时，免费一词并不一定意味着你不必向某人付费而使用它。免版税图片不需要你向其创建者支付版税。但是，很多时候你仍然需要向配销图像的公司支付许可费。

寻找你自己图形的策略

幸运的是，在线搜索工具变得更加先进。Bing 和 Google 现在允许你将图片查找结果缩小到那些授权声明"归属使用"或"修改使用"的图片。这些搜索过滤器可以帮助你缩小搜索范围，但你仍需要查找原始图像来源并确保了解重用条款。你也可以尝试以下策略：

(1) **利用机构媒体数据库**。你所在机构的图书馆可能会管理对媒体数据库的订阅。由于这些数据库通常是需要订阅的，因此与主要研究机构建立联系是有益的，因为可能需要登录才能访问图像。你所在机构的图书管理员应该能够引导你访问基于订阅的可用于教学的媒体数据库。

(2) **利用美国政府数据库**。例如，疾病控制和预防中心公共卫生图像库由美国联邦税收支付，人们都有权使用这些图像。

（3）**执行知识共享搜索**。当你通过该网站搜索图像时（https://search.creativecommons.org），知识共享搜索分隔符会自动添加到你的查询中。在撰写本文时，知识共享搜索工具允许你在多个站点（例如，YouTube、Flickr Commons、Wikipedia、Fotopedia等）上限制你的搜索结果，从而仅包含可免费使用声明归属的图像（或其他规定）。但是，请务必查阅原始图像来源以确保你了解重用条款。

（4）**创建自己的图像或图形**。如果创建、编辑、编目和存储你自己的图形看起来像是一项艰巨的工作而没有相应的回报，请在你的大学或工作组内组织同事开发共享图像和图形库。

（5）**制作你自己的线条插图**。许多手机应用程序允许你使用手指在设备上绘图并将图形导出为图像文件。如果你更喜欢老派的做法，你可以用笔绘制线条图并扫描它们，然后在矢量图应用程序中打开它们，并将其转为数字矢量插图。基于网络的免费工具执行这种图像到矢量图转换也是可以找到的，例如https://vectormagic.com。

（6）**搜索其他免费图像数据库**。世界上有很多好心人，在网上搜索免费图像——真正免费，而且没有使用限制——将为你证明这一点。我经常查阅的两个网站是https://morguefile.com（用于图像）和https://openclipart.org（用于矢量图）。像这样的免费网站对于查找引起共鸣的图像非常有用，因此你可能需要在其他地方寻找适合教学图形的媒体。

会议黑客：他们正在发布我幻灯片的推特！

你已经被邀请为会议发表主题演讲。你花了几个月的时间准备你的演讲，并努力确保你的幻灯片无可挑剔。在演讲中，你花了十四分钟论述了一个卓越、大胆且巧妙图示的论点。

看着人群中模糊的面孔，你会发现大约有一半的人举起他们的手机拍摄了你的幻灯片照片，此幻灯片花了你几个月的时间才想出来，并且在与同事和配偶的多次排练中至少经历了八次迭代。你希望你已经为你的演讲编写了一个话题标签，因为你知道这一刻将是你在Twitter上的高光时刻。但不幸的是，你意识到此幻灯片并没有明显的声明将其归属于你的智力劳动。你遵循学术幻灯片设计的原则，你忠实地删除了任何可能被认为是多余的东西。现在你应该成为Twitter知名人物，但实际上并没有，原因是这张幻灯片上没有你创作的证据。当你的幻灯片被转发时，它最终会与你分离。

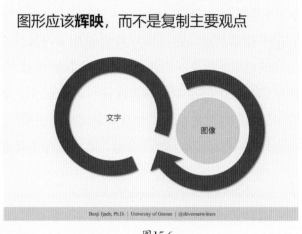

图15.6

尽管如此，我仍然不支持在每张幻灯片的底部添加你的机构徽标。我确实认为当你知道你的一张幻灯片非常好时，你会意识到这一点。你可以考虑在这些幻灯片不明显的地方写下你的姓名、机构和Twitter句柄，如图15.6所示。

除了社交媒体，将来当你的观众中的某人决定在博客文章或论文中引用你的内容时，找到你将很困难。你可以通过精心设计的自我声明归属让其更轻松。

与世界分享你的内容

演讲幻灯片（及其附带的讲义）是包含在个人博客或教学档案中的知识作品的完美示例。根据你的职业和教学目标，你可能还会发现自己正在使用以社交媒体为焦点的幻灯片共享网络服务。幻灯片共享网站的优势与任何社交媒体网站相同：具有易于查看，能够嵌入学习管理系统、博客或教学档案网站，以及让人们发现、评论和分享你作品的特点。某些幻灯片共享网站可以让你指明其他人是否可以下载你的幻灯片或 PDF 文件。

对于这些你选择共享你的演示文稿和讲义的共享场景，你可能需要考虑向文件添加元数据。**元数据**是信息的技术术语，它无形地存储在电子文件中。计算机读取此信息并使用它来帮助你查找计算机上的文件（以及其他内容）。你可以从任何电子文件的"属性"面板访问元数据，甚至可以对其进行更改。如果你在这里添加信息，则无论文件在何处下载，元数据都将随文件一起传送。例如，如果你在此处添加你的姓名和联系方式，这些信息将随之一起传播，即使它以某种方式从文档的可见区域中删除。

除了联系信息，你还可以考虑添加学习目标、知识共享许可（如果你正在使用），或者你准备演讲的课程或事件的其他背景。通过这些方式，你可以确保其他人按照你的意图使用你的知识作品，或者至少，偶然发现你作品的人可以与你联系，如果他们愿意的话。幻灯片和讲义都应该使用这些策略。让别人了解你的最好方法是将你的作品发送到世界各地，其中包含尽可能多的嵌入式信息。

练习

1. **标签和关键字**。找一个你的演示文稿，打开其"属性"面板，并使用一些你不常用的无意义单词或短语来添加一个标记，然后保存并关闭该文件。现在转到计算机的搜索栏，按照你添加的标记进行搜索。你的文件应该出现在搜索结果中。此过程有点类似于网络上的搜索引擎查找嵌入在网页元数据中关键字的方式。除了使用文件夹和文件名，这个练习还演示了一种在本地计算机上非常有用的文件组织策略。

2. **将元数据添加到幻灯片文件**。从幻灯片软件中打开幻灯片中的"属性"面板，浏览面板中的字段并添加所需的任何信息，包括你的姓名、联系方式和关键字。当你添加后，这个元数据将嵌入你的演示文稿，并随其一起传播，即使列出你联系信息的幻灯片页面被删除了。如果你以电子方式分发幻灯片或讲义，请考虑将其作为习惯。

3. **探索知识共享许可**。访问https://creativecommons.org并浏览不同类型的许可证。思考一下你可能想要使用哪一种。检查每个许可证随附的易于理解的文字，以及可以剪切并粘贴到你的教学档案网站或博客中的嵌入式代码。你还可以下载每个许可证附带的图标，并将其添加到标题幻灯片中。

4. **图片搜索**。在你喜欢的搜索引擎中找到图像过滤控件，可以按特定参数缩小搜索范围。查找标记为声明归属后重用的图片。点击搜索结果以查找图像的原始来源，并验证该图像是否确实具有你搜索的许可证类型。考虑你可以为媒体和资源共享社区做出贡献的方式。你可能会采用哪些新做法？你如何将这些做法融入你的工作流程中？

学术幻灯片设计方法

到目前为止，你一定已经意识到这本书不仅是关于如何制作更好的幻灯片，而且是关于通过制作更好的幻灯片才能产生更好的讲座。首先，在讲课过程中，你将以不同的方式与幻灯片互动，不再像提词器那样逐字逐句地朗读。学生也会以不同的方式与你互动。在你的讲座中，学生不再只是带着你演示文稿的副本被动地坐着，因为他们必然需要做更多的笔记。结果，他们会更积极，会对你的口述内容更加投入。此外，他们将积极上课，因为他们知道仅阅读幻灯片不能了解整节课的全部内容。幻灯片不再是讲座的全部。一种新的写作、组织和演讲的方法需要一种新的幻灯片设计方法，在最后一节课中，我们将讨论这个过程。

简而言之的方法

对于学术幻灯片设计，你不再只是打开你的幻灯片应用程序，然后开始粗制滥造幻灯片。你需要从源头改变你的典型讲课规划流程。以下是学术幻灯片设计方法的概要：

(1) 编写脚本。

(2) 准备讲义。

(3) 确定并草绘视觉效果。

(4) 在幻灯片软件中创建幻灯片。

(5) 添加预览和路标幻灯片。

(6) 测试并迭代。

请注意实际上创建幻灯片的"手工劳动"是如何在幻灯片设计过程中进行

的——对于一些人来说，"手工劳动"可能要进行更长时间，特别是如果你要在下周的会议上做报告，那种"浪费时间"在写稿子、制作讲义和故事板上的感觉可能会引起一些焦虑。在用过去粗制滥造和学术幻灯片设计这两种方式准备演讲后，我可以证明这样一个事实：先计划后制作幻灯片不仅可以增强演讲效果，而且可以减少花费在幻灯片上的时间。我保证。

编写脚本

认真考虑把你的演讲从头到尾逐字逐句地写下来。我知道你们有些人在笑，但是当我说这一步与浪费时间恰恰相反时，请相信我。

对于一个忙碌的教师来说，编写一个演讲脚本的想法可能看起来很荒谬——特别是如果你是一个经验丰富的终身教授，多年来一直在做同样的讲座。你已经知道你要说什么了；你不需要把它写下来；照本宣读听起来既笨拙又不自然；你没有时间编写脚本；你编写脚本花费的时间，足够你把它讲两遍了。

我以前已经听说过所有这些观点，而我提出八个反驳意见：

(1) 写作即思考，是一种发现和组织思想的行为，最适用文字处理文档或纸和笔，而不是幻灯片。在阅读本书之前，当你试图将写作（思考）与幻灯片设计的视觉任务结合起来时，你可能不止一次地发现，幻灯片上最后一个项目要点实际上是你想表达的主题思想，前面的项目要点是你确认主题思想之前需要处理的内容。

(2) 写作是一项整体活动，而根据定义，演示软件将整体思想分解为碎片。如果你在创作演讲时能在一个地方看到所有内容，而不是将其分解成一堆幻灯片（在这里也很容易诱使你进行调整和重新编排内容，这在当前阶段是在浪费时间），你的演讲就会更流畅。

(3) 为过去的演讲编写脚本可以帮助你以新的眼光看待你旧有的内容，也许会增加你更新内容的机会。

(4) 为全新的演讲编写脚本可以帮助你确保你的目标、主题和语言适合听众的水平和专业知识。你会发现你需要建立更多的例子或更多的证据。你将确定需要添加的要点。你会发现多余的线索可以被省略，因为它们实际上并不支持主题思想。

(5) 根据脚本进行排练可以减少你对幻灯片作为提词器的依赖，也将减少你对项目列表作为设计思想的依赖，释放出幻灯片上的空间用于更具认知效率的做法，例如辉映视觉证据。我并不是建议你向学生大声朗读脚本，而仅仅是在你设计幻灯片时使用它。

（6）编写脚本可以创建一个即时文本，你可以将其作为一个独立的学习资源提供给学生，尤其是那些正在学习第二语言的学生。如果你的讲座是为网上播放录制的，你也可以使用即时文本创建可隐藏字幕。

（7）谈到录制的讲座，随着制作的节目越来越多，脚本使音频编辑变得非常容易。在现场演讲的情况下，人们通常能够忽略演讲者的填充词（嗯，啊，所以，等等），但在录音中，填充词会被放大，应予以删除。这不仅是一个耗时的过程，总体而言，这种类型的编辑还大多会降低录制质量。如果你朗读脚本的话，则录音中的口头失误将会更少。

（8）如果教学设计师与你一起创建视觉效果，脚本将帮助他们更有效地为你工作。没有全部演讲内容的指引，就不可能完成幻灯片设计的结构性工作，甚至无法进行良好的视觉改造。而且你会惊讶地发现，演讲者想要传达的关键思想，往往在列表幻灯片上缺乏视觉表现。

除此之外，编写脚本可以帮助你个人确定自己将覆盖计划中要阐述的所有内容，并按预期进行组织和表达。

准备讲义

除了建议你为你的演讲编写脚本，我还想鼓励你创建一个单独而简洁的文档作为讲义分发。

与脚本一样，在进入幻灯片软件之前花费时间和精力先确定所有主要思想，将在以后的视觉设计过程中节约大量的时间。创建单独的讲义可以使你摆脱将所有内容都放置在幻灯片画布上的冲动（从而也使学生不必查看大量的重文本幻灯片），它还有其他优点，如第4课所述。

确定并草绘视觉效果

在脚本中确定哪些地方的内容将由口述信息和某种类型的视觉信息组合来阐明。正如本书所讨论的，视觉辅助的目的是为了辉映——不是装饰，不是复制，不是仅仅唤起——你演讲的观点。确定了你认为可以从视觉辅助中受益的区域后，你将需要建立故事板，这是一种特别的表达方式，可以拿纸和笔草绘出来。

为什么用纸和笔？从定义上说，幻灯片软件是一种"完成介质"，旨在帮助你制造最终作品。它并不是被设计用来帮助你模拟出许多可能的设计思想。因此，如果你曾经因为幻灯片软件难以使用而对它感到厌恶，并最终给自己带来了很大的麻烦，那或许是因为你没有将其用于预期目的。

视觉设计的迭代方式与书面草稿的迭代方式相同：你对辉映设计的首次尝试可能会失败，并且可能需要多个版本才能得到最终的、最有效的解决方案。从长远来看，纸和笔将为你节省时间，并且我敢说（虽然我没有办法证明），更有触感、更少约束的媒介也可以让你自由地创作出更好的设计。

一旦你熟悉了视觉思考的过程，你最终将可以快速推进其中的故事板制作过程。在编写脚本时，我经常还会在输入时给自己做笔记，**[我将其放在黑体和方括号中]**，以提醒自己添加视觉效果的地方。故事板过程可能就这么简单，这取决于你的主题。

即便如此，在打开幻灯片应用程序之前，我会做所有这些思考和计划。值得重申的是：如果你能抑制粗制滥造幻灯片的冲动，那么创建有效的视觉辅助就会花费更少的时间。

在幻灯片软件中创建幻灯片

繁重的工作你已完成。你已经确定了演讲的主题和想法，并对要制作的幻灯片进行了规划。现在你只需要在幻灯片软件中点击几下即可将视觉设计变为现实。你还可以在此步骤中使用动画工具来创建渐进式显示和注释（请参阅第 13 课）。

添加预览和路标幻灯片

在现场授课的情况下，学生将从观看一些视觉效果中受益，这些视觉效果展示了他们将要学习的内容，并在整个演讲过程中提醒他们所处幻灯片中的位置。这种做法有助于各个层次的学生关注和保留关键信息，从大学生到专业人士。当你刚开始适应学术幻灯片设计方法时，在构建完成演示文稿的全部内容之后，添加预览和路标幻灯片可能是最简单和最有效的方法，这样就能看到你的演示文稿全貌，并思考其节奏。

测试并迭代

对你而言，显而易见的幻灯片设计可能被学生完全误解。这就是为什么要与同事或最好与学生一起进行测试的一个原因。这样做是评估幻灯片和演示文稿是否传达了你的意图的最可靠方法。测试将有助于防止你显示无效或令人困惑的设计。这也是一个练习如何**使用**幻灯片进行演讲的绝好机会。

我想与你分享一个我的失败的幻灯片改造。我已经听过本次讲座的录音，并研究了教师的原始幻灯片（图 16.1）。我的改造图如图 16.2 所示。

图16.1

图16.2

我设计了改造幻灯片，并在一周后回来继续工作。我不需要和任何同事讨论，我知道我的设计是错的，因为我再也无法表达所有我进行改造的最初原因。改造幻灯片为什么使用齿轮形状？为什么它是设计中最突出的部分？最重要的是：视觉证据和断言之间有什么关系？我失败的改造图遵循了学术幻灯片设计的许多最佳做法，但是视觉解决方案却完全是费解的。

我得承认我没有草绘该设计图。我直接在幻灯片软件中完成了它，这种捷径可能导致了最终作品的失败。也许这个主题根本不需要幻灯片。

设计总是需要迭代的。

放手

你很容易保护一个你特别引以为傲的设计或者花了很长时间才做出来的设计。因此，有些设计你将很难摆脱，它们成了你的"小宝贝"。我喜欢在演示文稿中把我的"小宝贝"和它们更成功的兄弟姐妹放在一起。我只是将它们隐藏起来，这样它们就不会出现在演示模式中。最后我发现我不再需要它们了，我可以删除它们。就像在生活中一样，一点点情感上的距离可以让你对一些无法解决的事情释怀。

练习

1. **创建讲义并将其存储在"云"中**。创建一个与即将到来的讲座相关的讲义，并在"云"中找到放置它们的位置。你存储讲义的地方可能包括你的网站或博客、文件共享服务（例如Dropbox或者Google Drive）或你所在机构的学习管理系统。弄清楚如何复制讲义的URL，以便可以将链接发送给学生。作为一个彩蛋，请使用URL缩短服务来缩短超链接的长度，然后将该链接分发给学生。

2. **设计一个遵循此方法的新讲座**。当你下次踏上撰写新讲座的激动人心的旅程时，请尝试使用学术幻灯片设计方法！在此过程中，请自己检查一下，看看与你以前的演讲计划和准备方法相比，该过程感觉如何。哪种方法更有效？哪种方法会形成最佳演示文稿？哪种方法能取得最佳演讲效果？你如何将学术幻灯片设计方法纳入未来的工作流程中？

学术幻灯片设计原则

作为对这16节课中介绍思想的回顾，我想为你提供一份清单，包括7条容易理解的原则和22条关于学术幻灯片设计的建议。如果你喜欢，这个清单可以作为你未来幻灯片设计工作的检查清单。你现在已经掌握并有了深入的了解，为什么有些视觉设计操作是有效的，而有些不是，你可以自由地遵循、发展或忽略它们，这取决于你的个性和背景。

原则1：支持学生的功能性需求

(1) 提供一份总结重要信息的讲义，其格式便于访问（或者是适当准备的幻灯片演示文稿版本）。

(2) 创建颜色、形状、类型和大小的强烈对比。

(3) 在放大任何特定部分之前，请先显示复杂结构的整体全貌。

(4) 使用预览、路标和回顾幻灯片来帮助学生了解他们在讲座幻灯片中所处的位置，并强化关键信息。

原则2：采用一致、简单、可预测的视觉系统，学生只需学习一次

(5) 选择四种颜色，并在整个演示文稿上坚持使用。

(6) 选择一种字体，并在整个演示文稿上坚持使用。

(7) 使用一致的图形风格。

(8) 为重复出现的内容（引用、媒体信誉和幻灯片编号）选择一致的位置。

原则 3: 提供辉映视觉效果,而不是装饰或多余的视觉效果

(9) 为每张幻灯片确定一个主要观点。

(10) 选择那些能够辉映、增强或补充而不是简单地复制或唤起你主要观点的图形。

原则 4: 在幻灯片画布上排列元素以实现有效的视觉感知

(11) 在你的设计中创建并保留足够的留白空间。

(12) 从视觉上区分关键信息与从属或支持信息。

(13) 清楚地显示哪些信息属于一类,哪些是相关的,哪些是独立的。

(14) 使用预定义的布局向幻灯片添加内容。

(15) 对于复杂的图形,将标签尽可能靠近其所标记的结构。

原则 5: 将每个视觉解决方案简化为其基本的信息承载元素

(16) 剥离主题,从空白画布开始。

(17) 移除所有形式的装饰。

原则 6: 使用动画和注释来引导注意力

(18) 使用动画来隐藏内容,直到你准备好去谈论它。

(19) 使用信号技术帮助学生专注于复杂的内容。

原则 7: 做一个良好的数字公民

(20) 在幻灯片和讲义及这些文件的元数据中包括你的联系信息。

(21) 标记所有媒体的引用,并包括来源信息的参考文献。

(22) 考虑使用知识共享许可来帮助人们知道如何使用你的作品。

进一步阅读

正如本书一开始所指出的，已经存在大量关于幻灯片设计的综合和有价值的资源。以下这四本书从不同的角度探讨了这个问题，我推荐它们的理由也各不相同。它们都不是针对课堂教学的语境，但是每个都对提升教学视觉素养的目标做出了重要贡献。

罗宾·威廉姆斯（Robin Williams）的经典著作《写给大家看的设计书》，对任何以视觉交流为生的人来说都是有用的背景资料。作为一名天生的教师，威廉姆斯以一种有趣的、通俗易懂的方式，将所有设计人员在日常交流中面临的问题和争论组织起来，并精心挑选出展示和讲述的实例。

迈克尔·艾利（Michael Alley）的《科学演讲的技巧：成功的关键步骤和应避免的关键错误》是一本实用指南，可以帮助专家适当地完善讲座以便听众可以跟随。他还是断言–证据技巧的最初传播者之一，他是我心目中的名人。

有关幻灯片画布的图形设计主题的更高级想法，请查看南希·杜阿尔特（Nancy Duarte）的《Slide:ology：创建出色演示文稿的艺术和科学》。这本精美的书为PowerPoint高级用户（或者拥有天才的助手或设计团队的PowerPoint用户）提供了灵感和实用的设计指南。你值得拥有一本以便参考。

康妮·马拉默（Connie Malamed）的《视觉设计解决方案：学习专家的原则和创新灵感》将把你的视觉素养技能提升到一个新的水平。这本书为非专业人士提供了丰富的插图和文字，它将帮助你在各种类型的教与学环境中提高设计技能。

参考资料

本书英文原版出版时，所有 URL 均处于可用状态。

Abela, Andrew. Advanced Presentations by Design: Creating Communication That Drives Action. San Francisco: John Wiley & Sons, 2008.

Adams, Catherine. "On the 'Informed Use' of PowerPoint: Rejoining Vallance and Towndrow." Journal of Curriculum Studies 39, no. 2 (2007): 229 - 33.

——. "PowerPoint, Habits of Mind, and Classroom Culture." Journal of Curriculum Studies 38, no. 4 (2006): 389 - 411.

——. "PowerPoint's Pedagogy." Phenomenology & Practice 2, no. 1 (2008): 63 - 79.

——. "Teachers Building Dwelling Thinking with Slideware." Indo-Pacific Journal of Phenomenology 1, no. 10 (2010): 1 - 12.

Alley, Michael. The Craft of Scientific Presentations, 2nd ed. New York: Springer, 2013.

——, and Kathryn Neeley. "Rethinking the Design of Presentation Slides: A Case for Sentence Headlines and Visual Evidence." Technical Communication 4, no. 52 (2005): 417 - 26.

——, et al. "How the Design of Headlines in Presentation Slides Affects Audience Retention." Technical Communication 53, no. 2 (2006): 225 - 34.

Anderson, Terry, and Jon Dron. "Three Generations of Distance Education Pedagogy." International Review of Research in Open and Distance Learning 12, no. 3 (2011): 80 - 97.

Austin, Katharine. "Multimedia Learning: Cognitive Individual Differences
and Display Design Techniques Predict Transfer Learning with
Multimedia Learning Modules." Computers & Education 53, no. 4
(2009): 1,339 – 54.

Azer, Samy. "What Makes A Great Lecture? Use of Lectures in a Hybrid PBL
Curriculum." The Kaohsiung Journal of Medical Sciences 25, no. 3 (2009):
109 – 15.

Barry, Ann Marie. "Perception Theory." In Kenneth L. Smith et al., eds.
Handbook of Visual Communication: Theory, Methods, and Media.
New York: Routledge, 2004.

Bartsch, Robert, and Kristi Cobern. "Effectiveness of PowerPoint
Presentations in Lectures." Computers & Education 41, no. 1 (2003):
77 – 86.

Bean, Joshua. "Presentation Software Supporting Visual Design:
Displaying Spatial Relationships with a Zooming User Interface." In
Professional Communication Conference, IPCC 2012, pp. 1 – 6. IEEE
International.

Bergen, Lori, et al. "How Attention Partitions Itself during Simultaneous
Message Presentations." Human Communication Research 31 no. 3
(2005): 311 – 36.

Berk, Ronald. "Research on PowerPoint: From Basic Features to
Multimedia." International Journal of Technology in Teaching and
Learning 7, no. 1 (2011): 24 – 35.

Birdsell, David, and Leo Groarke. "Outlines of a Theory of Visual
Argument." Argumentation and Advocacy 43, no. 3/4 (2007): 103 – 13.

Block, Bruce A. The Visual Story: Creating the Visual Structure of Film, TV, and
Digital Media. 2nd ed. Burlington, MA.: Focal Press, 2008.

Blokzijl, Wim. "The Effect of Text Slides Compared to Visualizations
on Learning and Appreciation in Lectures." In Professional
Communication Conference, IPCC 2007, pp. 1 – 9. IEEE International.

Bozarth, Jane. Better Than Bullet Points: Creating Engaging e–Learning
with PowerPoint. Hoboken, NJ: John Wiley & Sons, 2013.

Bradshaw, Amy C. "Effects of Presentation Interference in Learning with
Visuals." Journal of Visual Literacy 23, no. 1 (2003): 41 – 68.

Bransford, John D., Ann L. Brown, and Rodney R. Cocking, eds. How People
Learn: Brain, Mind, Experience, and School. Washington, DC: National
Academy Press, 2000.

Buttigieg, Pier. "Perspectives on Presentation and Pedagogy in Aid of
Bioinformatics Education." Briefings in Bioinformatics 11, no. 6 (2010):587 - 97.

Carney, Russell, and Joel Levin. "Pictorial Illustrations Still Improve
Students' Learning from Text." Educational Psychology Review 14,
no. 1 (2002): 5 - 26.

Casteleyn, Jordi, André Mottart, and Martin Valcke. "The Impact of
Graphic Organisers on Learning from Presentations." Technology,
Pedagogy and Education 22, no. 3 (2013): 283 - 301.

Chapman, Jocelyn. "The Pragmatics and Aesthetics of Knowing:
Implications for Online Education." Kybernetes 42, no. 8 (2013):
1,166 - 80.

Clark, Ruth, and Chopeta Lyons. Graphics for Learning: Proven Guidelines
for Planning, Designing, and Evaluating Visuals in Training Materials.
Hoboken, NJ: John Wiley & Sons, 2010.

——, and Gary Harrelson. "Designing Instruction That Supports
Cognitive Learning Processes." Journal of Athletic Training 37, no. 4
suppl. (2002): S - 152.

——, and Richard Mayer. E-Learning and the Science of Instruction: Proven
Guidelines for Consumers and Designers of Multimedia Learning.
Hoboken, NJ: John Wiley & Sons, 2016.

——. "Using Rich Media Wisely." In Trends and Issues in Instructional
Design and Technology, pp. 309 - 20. Robert A. Reiser and John V.
Dempsey, eds. 3rd. ed. Boston: Pearson, 2012.

Cook, David, et al. "Instructional Design Variations in Internet-Based
Learning for Health Professions Education: A Systematic Review and
Meta-Analysis." Academic Medicine 85, no. 5 (2010): 909 - 22.

Cooke, Lynne. "Eye Tracking: How It Works and How It Relates to
Usability." Technical Communication 52, no. 4 (2005): 456 - 63.

Dake, Dennis M. "A Natural Visual Mind: The Art and Science of Visual
Literacy." Journal of Visual Literacy 27, no. 1 (2007): 7 - 28.

Dirksen, Julie. Design for How People Learn. San Francisco: New Riders,
2015.

Djonov, Emilia, and Theo van Leeuwen. "Between the Grid and
　　Composition: Layout in PowerPoint's Design and Use." Semiotica 197
　　(2013): 1 - 34.

Dondis, Donis A. A Primer of Visual Literacy. Cambridge, MA: MIT Press,
　　1974.

Doumont, Jean-Luc. "The Cognitive Style of PowerPoint: Slides Are Not All
　　Evil." Technical Communication 52, no. 1 (2005): 64 - 70.

———. "Creating Effective Presentation Slides." OPN Optics & Photonics
　　News (March 2011): 12 - 14.

———. "Creating Effective Slides: Design, Construction, and Use in
　　Science." Stanford University, April 19, 2013. http://www.youtube.com
　　/watch?v=meBXuTIPJQk.

Duarte, Nancy. Slide:ology: The Art and Science of Creating Great
　　Presentations. Toronto: O'Reilly Media, 2008.

Fleming, Malcolm, and Howard Levie. Instructional Message Design:
　　Principles from the Behavioral Sciences. 2nd ed. Englewood Cliffs, NJ:
　　Educational Technology Publications, 1993.

Gagne, Robert. "Mastery Learning and Instructional Design." Performance
　　Improvement Quarterly 1, no. 1 (1988): 7 - 18.

Garner, Joanna, and Michael Alley. "How the Design of Presentation Slides
　　Affects Audience Comprehension: A Case for the Assertion-Evidence
　　Approach." International Journal of Engineering Education 29, no. 6
　　(2013): 1,564 - 79.

———. "PowerPoint in the Psychology Classroom: Lessons from
　　Multimedia Learning Research." Psychology Learning & Teaching 10,
　　no. 2 (2011): 95 - 106.

———. "Slide Structure Can Influence the Presenter's Understanding
　　of the Presentation's Content." International Journal of Engineering
　　Education 32, no. 1A (2016): 39 - 54.

Garner, Joanna, et al. "Assertion-Evidence Slides Appear to Lead to Better
　　Comprehension and Recall of More Complex Concepts." Paper
　　presented at the American Society for Engineering Education Annual
　　Conference and Exposition 2011. https://www.asee.org/public
　　/conferences/1/papers/900/view.

———. "A Cognitive Psychology Perspective." Technical Communication 56,
　　no. 4 (2009): 331 - 45.

Gendelman, Joel. Virtual Presentations That Work. New York: McGraw–Hill, 2010.

Gier, Vicki, and David Kreiner. "Incorporating Active Learning with PowerPoint–Based Lectures Using Content–Based Questions." Teaching of Psychology 36, no. 2 (2009): 134 – 39.

Griffin, Darren, et al. "Podcasting by Synchronising PowerPoint and Voice: What Are the Pedagogical Benefits?" Computers & Education 53, no. 2 (2009): 532 – 39.

Gross, Alan, and Joseph Harmon. The Structure of PowerPoint Presentations: The Art of Grasping Things Whole. Professional Communication, IEEE Transactions 52, no. 2 (2009): 121 – 37.

Grunwald, Tiffany, and Charisse Corsbie–Massay. "Guidelines for Cognitively Efficient Multimedia Learning Tools: Educational Strategies, Cognitive Load, and Interface Design." Academic Medicine 81, no. 3 (2006): 213 – 23.

Guo, Philip, et al. "How Video Production Affects Student Engagement: An Empirical Study of MOOC Videos." In Proceedings of the First ACM Conference on Learning @ Scale Conference, March 4 – 5, 2014, pp. 41 – 50.

Hegarty, Mary. "The Cognitive Science of Visual–Spatial Displays: Implications for Design." Topics in Cognitive Science 3, no. 3 (2011): 446 – 74.

Hillman, Daniel, et al. "Learner–Interface Interaction in Distance Education: An Extension of Contemporary Models and Strategies for Practitioners." American Journal of Distance Education 8, no. 2 (1994): 30 – 42.

Horn, Robert. Visual Language. Bainbridge Island, WA: MacroVU, Inc., 1998.
Horvath, Jared. "The Neuroscience of PowerPoint." Mind, Brain and Education 8, no. 3 (2014): 137 – 43.

Issa, Nabil, et al. "Applying Multimedia Design Principles Enhances Learning in Medical Education." Medical Education 45, no. 8 (2011): 818 – 26.

Jamet, Eric. "An Eye–Tracking Study of Cueing Effects in Multimedia Learning." Computers in Human Behavior 32 (2014): 47 – 53.

——, and Olivier Le Bohec. "The Effect of Redundant Text in Multimedia Instruction." Contemporary Educational Psychology 32, no. 4 (2007): 588 – 98.

——, et al. "Attention Guiding in Multimedia Learning." Learning and Instruction 18, no. 2 (2008): 135 – 45.

Johnson, Douglas, and Jack Christensen. "A Comparison of Simplified – Visually Rich and Traditional Presentation Styles." Teaching of

Psychology 38, no. 4 (2011): 293‑97.

Johnson, Fred. "Film School for Slideware: Film, Comics, and Slideshows as Sequential Art." Computers and Composition 29, no. 2 (2012): 124‑36.

Kahn, Paul, and Krzysztof Lenk. "Design: Principles of Typography for User Interface Design." Interactions 5, no. 6 (1998): 15.

——. "Screen Typography: Applying Lessons of Print to Computer Displays." Seybold Report on Desktop Publishing 7, no. 11 (1993): 3‑15.

Kalyuga, Slava, et al. "When Redundant On‑Screen Text in Multimedia Technical Instruction Can Interfere with Learning." Journal of the Human Factors and Ergonomics Society 46, no. 3 (2005): 567‑81.

Kirschner, Femke, Liesbeth Kester, and Gemma Corbalan. "Cognitive Load Theory and Multimedia Learning, Task Characteristics, and Learning Engagement: The Current State of the Art." Computers in Human Behavior 27, no. 1 (2010): 1‑4.

Kirschner, Paul, et al. "Contemporary Cognitive Load Theory Research: The Good, the Bad and the Ugly." Computers in Human Behavior 27, no. 1 (2011): 99‑105.

Kissane, Erin. The Elements of Content Strategy. New York, NY: A Book Apart, 2011.

Kosslyn, Stephen M. Better PowerPoint: Quick Fixes Based on How Your Audience Thinks. New York: Oxford University Press, 2012.

——. Clear and to the Point: 8 Psychological Principles for Compelling PowerPoint Presentations. New York: Oxford University Press, 2007.

——, et al. "PowerPoint Presentation Flaws and Failures: A Psychological Analysis." Frontiers in Psychology 3 (2012): 1‑22.

Kress, Gunther, and Theo van Leeuwen. Reading Images: The Grammar of Visual Design. 2nd ed. New York: Routledge, 2006.

Larkin, Jill, and Herbert Simon. "Why a Diagram Is (Sometimes) Worth Ten Thousand Words." Cognitive Science 11, no. 1 (1987): 65‑100.

Lee, Chien‑Ching. "Specific Guidelines for Creating Effective Visual Arguments in Technical Handouts." Technical Communication 58, no. 2 (2011): 135‑48.

Levasseur, David, and J. Kanan Sawyer. "Pedagogy Meets PowerPoint: A Research Review of the Effects of Computer‑Generated Slides in the Classroom." Review of Communication 6, no. 1‑2: (2006): 101‑23.

Levin, Joel R. "On Functions of Pictures in Prose." In Francis J. Pirozzolo and Merlin C. Wittrock, eds. Neuropsychological and Cognitive Processes in Reading. Cambridge, MA: Academic Press, 1981.

Levinson, Anthony. "Where Is Evidence–Based Instructional Design in Medical Education Curriculum Development?" Medical Education 44, no. 6 (2010): 536‒37.

Lidwell, William, et al. Universal Principles of Design: 125 Ways to Enhance Usability, Influence Perception, Increase Appeal, Make Better Design Decisions, and Teach through Design. Beverly, MA: Rockport Publishers, 2010.

Lohr, Linda. Creating Graphics for Learning and Performance: Lessons in Visual Literacy. Upper Saddle River, NJ: Prentice Hall, 2007.

Mackiewicz, Jo. "Audience Perceptions of Fonts in Projected PowerPoint Text Slides." In Professional Communication Conference, IPCC 2006, pp. 68‒76. IEEE International.

Manning, Alan, and Nicole Amare. "Visual–Rhetoric Ethics: Beyond Accuracy and Injury." Technical Communication 53, no. 2 (2006): 195‒211.

Mayer, Richard E. "Elements of a Science of e–Learning." Journal of Educational Computing Research 29, no. 3 (2003): 297‒13.

——. "Learning Strategies for Making Sense out of Expository Text: The SOI Model for Guiding Three Cognitive Processes in Knowledge Construction." Educational Psychology Review 8, no. 4 (1996): 357‒71.

——. "Research–Based Principles for Designing Multimedia Instruction." In Victor A. Benassi, Catherine E. Overson, and Christopher M. Hakala. Applying Science of Learning in Education: Infusing Psychological Science into the Curriculum. 2014. http://teachpsych.org/ebooks /asle2014/index.php.

——. "Research–Based Principles for Multimedia Learning." Harvard Initiative for Learning and Teaching, May 5, 2014. https://youtu.be /AJ3wSf–ccXo.

——, ed. Cambridge Handbook of Multimedia Learning. 2nd ed. New York: Cambridge University Press, 2014.

Mayer, Richard, and Roxana Moreno. "Nine Ways to Reduce Cognitive Load in Multimedia Learning." Educational Psychologist 38, no. 1 (2003): 43‒52.

McKeachie, Wilbert, and Marilla Svinicki. "How to Make Lectures More Effective." In McKeachie's Teaching Tips, pp. 58‒72. Boston: Cengage Learning, 2013.

Middendorf, Joan, and Alan Kalish. "The 'Change–Up' in Lectures." National Teaching and Learning Forum 5, no. 2 (1996): 1‒5.

Munzner, Tamara. "Information Visualization Basics: 15 Views of a
　　Node–Link Graph: An Information Visualization Presentation". Google
　　Tech Talks, June 28, 2006. https://youtu.be/lDltGVQp8bE.

Nash, Susan Smith. "Learning Objects." In R. A. Reiser and J. V. Dempsey,
　　eds. Trends and Issues in Instructional Design and Technology. New York:
　　Pearson, 2011.

Neeley, Kathryn, et al. "Challenging the Common Practice of PowerPoint at
　　an Institution." Technical Communication 56, no. 4 (2009): 346 – 60.

Nielsen, Jakob. "Banner Blindness: Old and New Findings." Nielsen
　　Norman Group, August 20, 2007. https://www.nngroup.com/articles
　　/banner–blindness–old–and–new–findings/.

Norman, Donald A. "Emotion and Design: Attractive Things Work Better."
　　Interactions Magazine 9, no. 4 (2002): 36 – 42.

Paivio, Alan, et al. "Why Are Pictures Easier to Recall Than Words?"
　　Psychonomic Science 11, no. 4 (1968): 137 – 38.

Parrish, Patrick. "Aesthetic Principles for Instructional Design."
　　Educational Technology Research and Development 57, no. 4 (2009): 511 – 28.

——. "Design as Storytelling." TechTrends 50, no. 4 (2006): 72 – 82. Peters, Dorian.
　　Interface Design for Learning: Design Strategies for Learning
　　Experiences. San Francisco: New Riders, 2014.

Pettersson, Rune. "Information Design—Principles and Guidelines."
　　Journal of Visual Literacy 29, no. 2 (2010): 167 – 82.

——. "Visual Literacy and Message Design." TechTrends 53, no. 2 (2009): 3,840.

Reynolds, Garr. Presentation Zen: Simple Ideas on Presentation Design
　　and Delivery. San Francisco: New Riders, 2011.

Ritzhaupt, Albert, et al. "The Effects of Time–Compressed Audio and Verbal
　　Redundancy on Learner Performance and Satisfaction." Computers and
　　Human Behavior 24 (2008): 2,434 – 45.

Ruiz, Jorge, et al. "The Impact of e–Learning in Medical
　　Education." Academic Medicine 81, no. 3 (2006): 207 – 12.

Sadoski, Mark, and Allan Paivio. Imagery and Text: A Dual Coding Theory
　　of Reading and Writing. New York: Routledge, 2013.

Santas, Ari, and Lisa Eaker. "The Eyes Know It? Training the Eyes: A Theory
　　of Visual Literacy." Journal of Visual Literacy 28, no. 2 (2009): 163 – 85.

Savoy, April, Robert W. Proctor, and Gavriel Salvendy, "Information
　　Retention from PowerPoint and Traditional Lectures." Computers &

Education 52, no. 4 (2009): 858 – 67.

Schnotz, Wolfgang, and Christian K ü rschner. "A Reconsideration of Cognitive
    Load Theory." Educational Psychology Review 19, no. 4 (2007): 469 – 508.

Slykhuis, David, et al. "Eye–Tracking Students' Attention to PowerPoint
    Photographs in a Science Education Setting." Journal of Science
    Education and Technology 14, no. 5 – 6 (2005): 509 – 20.

Son, Jinok, et al. "Effects of Visual – Verbal Redundancy and Recaps on
    Television News Learning." Journal of Broadcasting & Electronic
    Media 31, no. 2 (1987): 207 – 16.

Stephenson, Julia, et al. "Electronic Delivery of Lectures in the University Environment:
    An Empirical Comparison of Three Delivery
    Styles." Computers & Education 50, no. 3 (2008): 640 – 51.

Sugar, William, Abbie Brown, and Kenneth Luterbach. "Examining the
    Anatomy of a Screencast: Uncovering Common Elements and
    Instructional Strategies." International Review of Research in Open
    and Distance Learning 11, no. 3 (2010): 1 – 20.

Swarts, Jason. "New Modes of Help: Best Practices for Instructional
    Video." Technical Communication 59, no. 3 (2012): 195 – 206.

Sweller, John, et al. "Cognitive Architecture and Instructional Design."
    Educational Psychology Review 10, no. 3 (1998): 251 – 96.

Tangen, Jason, et al. "The Role of Interest and Images in Slideware
    Presentations." Computers & Education 56, no. 3 (2011): 865 – 72.

Tractinsky, Noam. "Toward the Study of Aesthetics in Information
    Technology." ICIS 2004 Proceedings, pp. 771 – 80.

Tufte, Edward R. Beautiful Evidence. Cheshire, CT: Graphics Press, 2006.

——. The Cognitive Style of PowerPoint. 2nd ed. Cheshire, CT: Graphics
    Press, 2006.

van Leeuwen, Theo. "Looking Good: Aesthetics, Multimodality, and
    Literacy Studies." In Jennifer Rowsell and Kate Pahl, eds. The Routledge
    Handbook of Literacy Studies, pp. 426 – 39. New York: Routledge, 2015.

——. "New Forms of Writing, New Visual Competencies." Visual Studies
    23, no. 2 (2008): 130 – 35.

van Merriënboer, Jeroen, and John Sweller. "Cognitive Load Theory in
    Health Professional Education: Design Principles and Strategies."
    Medical Education 44, no. 1 (2010): 85 – 93.

Vekiri, Ioanna. "What Is the Value of Graphical Displays in Learning?"

Educational Psychology Review 14, no. 3 (2002): 261 - 312.

Ware, Colin. Visual Thinking: For Design. Burlington, MA: Morgan Kaufmann, 2010.

Wecker, Christof. "Slide Presentations As Speech Suppressors: When and Why Learners Miss Oral Information." Computers & Education 59, no. 2 (2012): 260 - 73.

Wilde, Judith, and Richard Wilde. Visual Literacy: A Conceptual Approach to Graphic Problem Solving. New York: Watson–Guptill Publications, 1991.

Williams, Robin. The Non–Designer's Design Book: Design and Typographic Principles for the Novice. 4th ed. San Francisco: Peachpit Press, 2015.

——. The Non–Designer's Presentation Book: Principles for Effective Presentation Design. San Francisco: Peachpit Press, 2009.

Yang, Fang–Ying, et al. "Tracking Learners' Visual Attention During a Multimedia Presentation in a Real Classroom." Computers & Education 62 (2013): 208 - 20.

Yates, JoAnne, and Wanda Orlikowski. "The PowerPoint Presentation and Its Corollaries: How Genres Shape Communicative Action in Organizations." In Mark Zachry and Charlotte Thralls, eds. The Cultural Turn: Communicative Practices in Workplaces and the Professions, pp. 67 - 91. Amityville, NY: Baywood Publishing, 2007.

Zull, James E. "Key Aspects of How the Brain Learns." New Directions for Adult and Continuing Education 110 (2006): 3 - 9.

插图来源

本书中包含的大多数幻灯片原件都是受到无效设计的启发，同时使用了来自维基百科和其他公开信息的主题。在其他情况下，我采用了教师优秀的幻灯片，并对其做了劣化处理，以说明设计概念。

本书英文原版出版时，所有URL均处于可用状态。

第1课

图1.1：背景图像是四库全书，公共领域，通过伯尔尼公约分享。图1.1 和1.2 信息来自百度百科，网址为https://baike.baidu.com/item/四库全书/133444?fr=aladdin，2019年5月10日访问。

图1.3 和1.4：信息来自https://en.wikipedia.org/wiki/Buffer_strip，2016年4月30日访问。

图1.4：缓冲带图像来自美国农业部，自然资源保护服务，公共领域，通过"维基共享"共享。

图1.5 和1.6：表格截图和信息来自Juan José Eyherabide、María Inés Leaden和Sara Alonso的《在阿根廷布宜诺斯艾利斯省东南部黄色和紫色的油莎草调查》论文，巴西农业研究，36，no. 1 (2001)：205 - 9。黄色油莎草图片由Blahedo通过"维基共享"以"知识共享署名–相同方式共享 2.5 许可协议"共享。

第3课

图3.1：生命六界图像，公共领域，通过"维基共享"共享。

图3.3：抹香鲸剪影由Rones通过openclipart.org共享。受到大西洋月刊Derek Thompson的文章《美国捕鲸业壮观的兴衰:一个创新的故事》启发。网址为http://www.theatlantic.com/business/archive/2012/02/the-spectacular-rise-and-fall-of-us-whaling-an-innovation-story/253355/。

第5课

图5.1：受到 Kevin Standish 设计的幻灯片启发，经许可使用。

图5.3：幻灯片内容受到Bong Eliab教授关于电影模仿方面的演讲启发，经许可使用。

图5.8：神经元图像由NickGorton通过"维基共享"以"知识共享署名-相同方式共享 3.0 许可协议"共享。

图5.9：柔荑花照片由BlueCanoe通过"维基共享"以"知识共享署名-相同方式共享 3.0 许可协议"共享。

第6课

图6.2：由医学博士 Tina Slusher 在关于口服补液疗法的演讲中的幻灯片制作而成，经许可使用。

图6.4：水母图像由Ariella Jay通过morguefile.com分享。

图6.5和6.6：这些幻灯片展示了我最喜欢的凯瑟琳·亚当斯 (Catherine Adams) 的名言之一，来自文章：《PowerPoint 的教学法》，Phenomenology & Practice 2, no. 1 (2008): 63 - 79。

第7课

图7.1和7.2：数据来自A. Barry的《美国购物中心的商业交易》论文，Journal of Mass Consumption 13 (2001): 160 - 64。

图7.3：信息来自百度百科"王守仁"词条，网址为https://baike.baidu.com/item/王守仁/503207，2021年5月28日访问。

图7.4、7.5和7.6：月球的近端和远端，NASA提供，公共领域。

图7.7：卡卡托亚群岛的卫星图，NASA提供，公共领域。

图7.9：托伦德人的图像来自Sven Rosborn，公共领域。

图7.10：该幻灯片改造自微软office剪贴画图库，2012年12月访问。

第8课

图8.2：大象图像由Godot13通过"维基共享"以"知识共享署名-相同方式共享

3.0 许可协议"共享。

图8.3：计算机内存图像，公共领域，由László Szalai（超越沉默）通过"维基共享"共享。

图8.4：健忘的人剪贴画的照片作者不详，来自宾夕法尼亚州立大学课程网站 http://www.personal.psu.edu/afr3/blogs/siowfa13/2013/10/how-are-we-so-forgetful.html，2019年5月10日访问。

图8.5：绳子系在手指上由jarhipmom通过openclipart.com共享。

图8.6：部分大脑的图像来自美国国家癌症研究所，由Jkwchui矢量化以"知识共享署名-相同方式共享3.0 许可协议"共享。

图8.7和8.8：串行回忆图由Obli以"知识共享署名-相同方式共享 3.0 许可协议"共享。

图8.10：劳伦茨博士后面跟着鸭子的照片作者不详，照片来自网址：http://psychology.wikia.com/wiki/File:Lorenz.gif，2016年4月10日访问。

第9课

图9.3：所有图形都来自经常被忽略的资源，以前称为微软office剪贴画图库。

图9.4：成年雌性床虫由Jacopo Werther以"知识共享署名-相同方式共享 2.0 许可协议"共享。幻灯片由医学博士 Tina Slusher 设计，经许可使用。

图9.5：来自 Tito Sierra 的项目管理生态系统图形，在知识共享 4.0 署名许可协议下使用。

图9.6：数据来自Shrimali Ronak Baghubhai、 Vijay Kumar Gupta和Ganga Sahay Meena 的《采用响应面方法的 Kheer Mohan 制造工艺优化》论文，Indian Journal of Dairy Science 68 (2015): 6。网址为https://www.researchgate.net/publication/288828349_Process_optimization_for_the_manufacture_of_Kheer_Mohan_employing_Response_Surface_Methodology， 2016年4月10日访问。

图9.8：该幻灯片包含 Luzenac 滑石的公共领域照片和 Archaeodontosaurus 共享的 Herkimer 钻石照片，以"知识共享署名-相同方式共享 3.0 许可协议"共享，其中信息来源于Swapna Mukherjee的《应用矿物学：工业和环境中的应用》论文，Springer Science & Business Media (2012)。

图9.11：该幻灯片包含从 Osmosis Pathophysiology 制作的教育视频截图中矢量化的艺术作品，网址为https://www.youtube.com/watch?v=oH5JmIyeoUY，以"知识共享署名-相同方式共享 4.0 许可协议"共享。

图9.13：生物群落图形包括这些照片：苔原由Famartin以"知识共享署名-相同方式共享 3.0 许可协议"共享；温带雨林由Albh以"知识共享署名-相同方式共享 3.0 许可协议"共享；热带雨林由Sofiya Muntyan以"知识共享署名-相同方式共享 2.0许可协议"共享；沙漠由Rosa Cabecinhas 和Alcino Cunha以"知识共享署名-相同方式

共享 2.0 许可协议"共享；针叶林由 Igorevi 以"知识共享署名–相同方式共享 3.0 许可协议"共享；草原由 Alanscottwalker 以"知识共享署名–相同方式共享 3.0 许可协议"共享；落叶林由 Wedmann 以"知识共享署名–相同方式共享 3.0 许可协议"共享，所有图片均在 2016 年 5 月 16 日访问。

图 9.14：大型犬种列表受到百度百科"大型犬种"词条的启发制作。

第 10 课

图 10.1 和 10.6：来自译者本科生课程《工程机械金属结构》的 xmind 和手绘思维导图。

图 10.2 和 10.8：该幻灯片信息来源于 https://en.wikipedia.org/wiki/Egyptian_hieroglyphs （2016 年 5 月 13 日访问），包括以下图片：象形文字图像由 Gtoffoletto 以"知识共享署名–相同方式共享 4.0 许可协议"共享；葬礼石碑图像由 Chris O 以"知识共享署名–相同方式共享 3.0 许可协议"共享；象形文字图像由 Nay Say 以"知识共享署名–相同方式共享 3.0 许可协议"共享。

图 10.3 和 10.10：牙膏管矢量图由 Joost van Treeck 通过"维基共享"以"知识共享署名–相同方式共享 2.5 许可协议"共享。

图 10.7：该幻灯片来自作者 2016 年 2 月关于"无障碍数字化沟通"的演讲。

图 10.11 和 10.12：图像是洛杉矶号航空飞艇，这是一艘由齐柏林飞艇公司建造的美国海军飞艇。美国海军遗产基金会，公共领域。从维基百科文章中收集的时间线详细信息来自网址：https://en.wikipedia.org/wiki/Zeppelin，2016 年 5 月 13 日访问。

第 11 课

图 11.2：赫尔巴特教学法信息来自 https://en.wikipedia.org/wiki/Johann_Friedrich_Herbart，2016 年 5 月 10 日访问。

图 11.3、11.9 和 11.11："15 世纪的船"由 Firkin 通过 openclipart.org 分享。

图 11.5：摘自明尼苏达大学写作研究系 Maureen Aitken 关于如何有效撰写论文的幻灯片，经许可使用。

图 11.8 和 11.10：屏幕截图来自北卡罗来纳州立大学提供的在线颜色无障碍性评估工具。

图 11.12：使用美国农业部农业研究服务中心 2002 年的数据创作该幻灯片，网址为 https://www.ars.usda.gov/SP2UserFiles/Place/80400525/Data/hg72/hg72_2002.pdf，2016 年 4 月 10 日访问。

第 12 课

图 12.5：受到 Bong Eliab 教授关于电影模仿方面的演讲启发，经许可使用。

图 12.6、12.7 和 12.8：受到印象画派和自然画派的维基词条启发。

第 13 课

图13.1、13.2和13.3：受到百度百科词条"定金"和"订金"的启发制作。

图13.4 和13.5：受到医学博士 Yoel Korenfeld Kaplan的幻灯片启发制作，经许可使用。

图13.6：康斯托克矿脉石版画，公共领域，由美国国会图书馆通过"维基共享"提供。

图13.7：工作流是由 David Haynes 博士和 Kathryn Stinebaugh 在 LucidChart 中使用 IPUMS-Terra（以前的TerraPop）创建的。

第 14 课

图14.1：数据来自百度百科"大型犬种"词条。

图14.6和14.7：信息来自网址https://en.wikipedia.org/wiki/Marcus_Garvey，2016年4月10日访问。

图14.9和14.10：受到"人类食用牛奶的利与弊"启发，来自网址http://milk.procon.org/view.resource.php?resourceID=656，2016年4月10日访问。

第 15 课

图15.1：人脸图像由Dierreugia通过morguefile.com分享。

图15.2：图形使用图标包括：Gilad Fried (大脑)、Alessandro Suraci (书籍)、Manuela Barroso (iPad)和Piero Borgo (电视)，所有均通过Noun项目共享。

图15.3：从 Entypo 图标字体创建的图形。

图15.4：干裂土地图像由dean jenkins通过morguefile.com共享。

图15.5：使用 emojione.com 上提供的开放表情符号集。

第 16 课

图16.1和16.2：用于创建前后示例的信息来自https://en.wikipedia.org/wiki/Interpersonal_relationship，但是受到YouTube上同一主题讲座启发。

图16.1：婚礼日图像由Mikrash通过morguefile.com分享。

索 引①

斜体页码指向插图。

---

① 本索引顺序和原书顺序保持一致，按照英文单词首字母顺序排列（译者注）。

致　谢

学术顾问: Angelica Pazurek

音频制作: Seward Sound

饮食服务: Sage Spoon Living

支持团队: Mahsa Abassi, Ilene Alexander, Nesrin Bakir, Kalli Ann Binkowski, Marina Bluvstein, Ben Chase, Chen Chen, KT Cragg, Heather Dorr, Jennifer Englund, Jane Fandrey, Karen Fandrey, Lora Fandrey, Sonny Fandrey, Jeannette George, Sophia Gladding, Brett Hendel-Paterson, Anne Hunt, Tom Kell, Jolie Kennedy, Scott Krenz, Deborah Levison, Amy LimBybliw, Deb Ludowese, Debra Luedtke, Lauren Marsh, Scott Marshall, Otto Marquardt, Adam Mayfield, Charlie Mayfield, Fritz Mayfield, Harry Mayfield, Annette McNamara, Stephanie Midler, Rebecca Moss, Joan Portel, Sara Schoen, Mark Schoenbaum, Peg Sherven, Emily Stull Richardson, Lee Thomas, Susan Tade, Kim Wilcox, Daniel Woldeab

技术咨询: Lynell Burmark, Julie Dirksen

内容审核: Ira Cummings, Joel Dickinson, Karen Fandrey, Geri Huigbretse, Jolie Kennedy, Amy LimBybliw, Alison Link, Annette McNamara, Tonu Mikk, Amy Neeser, Constance Pepin

文案编辑: Amy LimBybliw, Cristina Lopez Indexing: Jon Jeffryes

手稿评论: Maureen Aitken, Michael Alley, Brad Hokanson, Rachel Stassen-Berger

最后一句话: 如果没有Ben坚定和爱的支持, 如果没有父母、Jane和Lora及他们的家人牺牲在一起的时间, 我就不可能有时间来撰写这本书并绘制插图。我向你们每一个人表示最深切和最特别的感谢。